全国高等美术院校
建筑与环境艺术设计专业教学丛书

发现建筑

小型可移动建筑

钟山风 崔冬晖 编著

中国建筑工业出版社

图书在版编目（CIP）数据

发现建筑　小型可移动建筑／钟山风，崔冬晖编著．
北京：中国建筑工业出版社，2005
（全国高等美术院校建筑与环境艺术设计专业教学丛书）
ISBN 7-112-07643-9

Ⅰ.发...　Ⅱ.①钟...②崔...　Ⅲ.建设设计－高等学校－教材　Ⅳ.TU2

中国版本图书馆CIP数据核字（2005）第092520号

责任编辑：唐　旭　李东禧
装帧设计：王其钧
责任设计：孙　梅
责任校对：关　健　王金珠

全国高等美术院校建筑与环境艺术设计专业教学丛书
发现建筑
小型可移动建筑
钟山风　崔冬晖　编著
*
中国建筑工业出版社出版（北京西郊百万庄）
新华书店总店科技发行所发行
北京图文天地中青彩印制版有限公司制作
世界知识印刷厂印刷
*
开本：787×960毫米　1/16　印张：8½　字数：180千字
2005年8月第一版　2005年8月第一次印刷
印数：1-3000册　定价：39.00元
ISBN 7-112-07643-9
（13597）

（邮政编码 100037）
本社网址：http//www.china-abp.com.cn
网上书店：http//www.china-building.com.cn

《全国高等美术院校建筑与环境艺术设计专业教学丛书》

编 委 会

总 序

中国高等教育的迅猛发展，带动环境艺术设计专业在全国高校的普及。经过多年的努力，这一专业在室内设计和景观设计两个方向上得到快速推进。近年来，建筑学专业在多所美术院校相继开设或正在创办。由此，一个集建筑学、室内设计及景观设计三大方向的综合性建筑学科教学结构在美术学院教学体系中得以逐步建立。

相对于传统的工科建筑教育，美术院校的建筑学科一开始就以融会各种造型艺术的鲜明人文倾向、教学思想和相应的革新探索为社会所瞩目。在美术院校进行建筑学与环境艺术设计教学，可以发挥其学科设置上的优势，以其他艺术专业教学为依托，形成跨学科的教学特色。凭借浓厚的艺术氛围和各艺术学科专业的综合优势，美术学院的建筑学科将更加注重对学生进行人文修养、审美素质和思维能力的培养，鼓励学生从人文艺术角度认识和把握建筑，激发学生的艺术创造力和探索求新精神。有理由相信，美术院校建筑学科培养的人才，将会丰富建筑与环境艺术设计的人才结构，为建筑与环境艺术设计理论与实践注入新思维、新理念。

美术学院建筑学科的师资构成、学生特点、教学方向，以及学习氛围不同于工科院校的建筑学科，后者的办学思路、课程设置和教材不完全适合美术院校的教学需要。美术学院建筑学科要走上健康发展的轨道，就应该有一系列体现自身规律和要求的教材及教学参考书。鉴于这种需要的迫切性，中国建筑工业出版社联合国内各大高等美术院校编写出版“全国高等美术院校建筑与环境艺术设计专业教学丛书”，拟在一段时期内陆续推出已有良好教学实践基础的教材和教学参考书。

建筑学专业在美术学院的重新设立以及环境艺术设计专业的蓬勃发展，都需要我们在教学思想和教学理念上有所总结、有所创新。完善教学大纲，制定严密的教学计划固然重要，但如果不对课程教学规律及其基础问题作深入的探讨和研究，所有的努力难免会流于形式。本丛书将从基础、理论、技术和设计等课程类型出发，始终保持选题和内容的开放性、实验性和研究性，突出建筑与其他造型艺术的互动关系。希望借此加强国内美术院校建筑学科的基础建设和教学交流，推进具有美术院校建筑学科特色的教学体系的建立。

本丛书内容涵盖建筑学、室内设计、景观设计三个专业方向，由国内著名美术院校建筑和环境艺术设计专业的学术带头人组成高水准的编委会，并由各高校具有丰富教学经验和探索实验精神的骨干教师组成作者队伍。相信这套综合反映国内著名美术院校建筑、环境艺术设计教学思想和实践的丛书，会对美术院校建筑学和环境艺术专业学生、教师有所助益，其创新视角和探索精神亦会对工科院校的建筑教学有借鉴意义。

吕品晶

中央美术学院建筑学院教授

前　言

在美术学院开设建筑系与建筑专业在10年前是破天荒的事情。10年过去了，设置建筑专业的美术院校为数已经不少，但是美术学院中开设建筑课程总是与理工科大学有着不同，这是由美术学院学生的个性和思维特点决定的，因此我们始终在进行着实验性的探索，就如同10年前一样。

对于大部分美术学院建筑系的学生来说，空间是创作的兴趣，功能则是这种兴趣伴生的一种无奈。结构与构造对于美术学院建筑专业的学生来说则是经常令人迷惑的。我们需要通过课题来调动学生自身的能动性，主动地去发现对于建筑类型的兴趣，寻找对建筑功能的要求，发现对于建筑空间的直观感受，体会建筑设计方法与建筑作品之间的有机联系。这些问题往往不是能够通过课堂来讲授的，以往的课程设置与传统的教学思路对于这些问题的帮助是有限的，因此我们不得不从课程的选择、内容与价值三个方面，来全面地考量将要在二年级开设的长达8周的小型可移动建筑的设计课程。

选题：作为美术院校的建筑学院，如何让学生很好地掌握建筑知识与设计能力，并同时掌握与拥有良好的审美与优良的艺术素养，是我们不同于其他建筑院校的关键，也是教员们多年研究摸索的主要方向。建筑专业，无论是建筑设计还是室内设计或是园林景观设计和城市规划，都带有极强的专业特点与复杂的专业知识。只有熟练掌握这些知识，学生才能发挥设计的想像，对专业有所理解与进步。但是这些专业的基础知识恰恰是单调与非直观的。而美术学院的受过美术专业训练的学生们，往往对于直观的、感性的事物能够很快理解与掌握，但是对于建筑相关的基础专业知识，往往出现不屑一顾与理解、接受慢的现象。在建筑设计教学或建筑相关设计教学比较发达的英国、日本，是将基础的建筑知识融入到平时的课题中，通过理论与实际结合来解决这一问题的。基于以上的形式与特点，我们计划在建筑学院二年级阶段教学中加入“建筑结构理论与小型可移动建筑”这一课题。

内容：“建筑结构理论与小型可移动建筑”这一课题是一个集教学与研究为一体的研究课题。整个课程由三部分组成，即结构造型→小型可移动建筑→构造造型。节奏为短（3周）→长（8周）→短（3周）。在第一部分中我们要讲授建筑的基础结构类型，让学生把结构看成立体构成和空间构成中的元素，运用造型艺术规律来组织建筑结构，掌握结构的造型语言。一方面注重培养学生对建筑结构的力学合理性的理解，另一方面也要拓展学生运用结构造型表现形式的艺术创造力。在第二部分中，让学生发挥第一部分的知识点，较好地掌握结构的基础表达语言（方式），设计出结构合理、功能完善的小型可移动式工作站。工作站的打开与回收都能够表现出很好的功能状态与不同的形态，并且要考虑一定的细部节点。第三部分，通过前一课题（小型可移动建筑）的课题继续深入，让学生对建筑中构造部分的内容有一定的理解。同时，一方面注重培养学生对建筑合理性的理解，另一方面也要拓展学生运用构造造型表现形式的艺术创造力。在作业要求上，继续前一课题（小型可移动建筑）的方案，在前一课题已经完成的基础上，深入同一方案的构造细部。前一课题（小型可移动建筑）进行的8周中，学生对于自己的设计方案已经有了比较透彻而清晰的理解，在这后3周的构造造型课程当中，在不打断学生设计思维链接的情况下，要求学生深入到自己方案的细部构造造型当中去，让学生对构造造型有一定的了解与理解。

价值：作为建筑学院基础教学的重要一部分，这一课程很含蓄并巧妙地将很繁琐而且非直观的大量建筑基础知识融入到了制作与创作当中，让学生能够比较快速地理解和掌握专业知识，得到快速的提高。所以说，这一课题的设立是建筑学院基础教学中非常重要和不可或缺的部分。在细节上以小型可移动建筑课程为主线，本书中强调了在建筑设计教学中学生对于课题选择的发现、结构的发现、功能的发现、外在形式的发现、设计表达的发现。学生不再是课程知识的被动接受者，而成为课题的探索者与发现者。教师不再仅仅是课程知识的传播者，而且也是学生建筑设计发现过程的见证者。该课程以结构造型的方法作为建筑设计的手段，强调极限功能下的结构特征与结构造型，突出建筑的可移动性、可装卸特征，打破整体化建筑设计与建造的概念，并以此作为建筑发现的出发点。此外，课程的设计表达形式也与之相配合，体现结构的精巧与建筑可拆装的特征。作为设计表达与设计过程一体化的过程，中期汇报与成果汇报的表达形式也成为很重要的考察内容。

基于这几方面的考虑与把握，我们完成这个8周的课程。学生们的作品令我们感到欣慰，他们对于课题的热情、研究范围的广度深度以及作品的完成度和以往国内学生作品中缺乏的对于设计原创概念的贯穿性，得到了很好的体现。由此证明我们对于课程的选题是符合美术学院学生的特点和需求的，教学内容兼顾了感性创作训练与理性知识讲授的并重，至于价值则仍然需要更长时间的检验。小型可移动建筑——极限工作站的课程现在作为中央美术学院建筑学院二年级建筑与环境艺术专业必修的专业课已经被固定下来，这使得我们有更进一步的时间和空间来继续探索。

作为实验性的课题，我们在此希望借这本书的出版以和其他院校进行广泛的交流并听取大家的意见，以便我们能够在今后的教学中进行改进。感谢中国建筑工业出版社给予我们这样的机会，能够借此将我们试验探索的教学课题提交社会与广大读者的检验。

目　录

第一章　结构造型中的新发现

小型可移动建筑作为二年级第二学期最主要的设计课程，与其前后的课程联系十分密切，具有成果上的整体性。因此先介绍一下与之关系密切的结构造型课。

在学期开始设置了结构造型课程，通过结构的方式进行造型。在该课程中强调了空间的整体性和视觉上的造型表达。这对于之后的小型可移动建筑十分重要，它为学生扫除了在结构形态方面的障碍。我们在2周的课程中，重点强调结构的精巧与形态的美感，来为以后的课题作技术上的准备。与其他课题组的侧重点不同，我们引导学生把精力放在两个方面：一个是空间形态的趋势方面，要求空间饱满具有形态美感；另一方面要求结构精巧受力合理，不能够仅仅作为装饰。

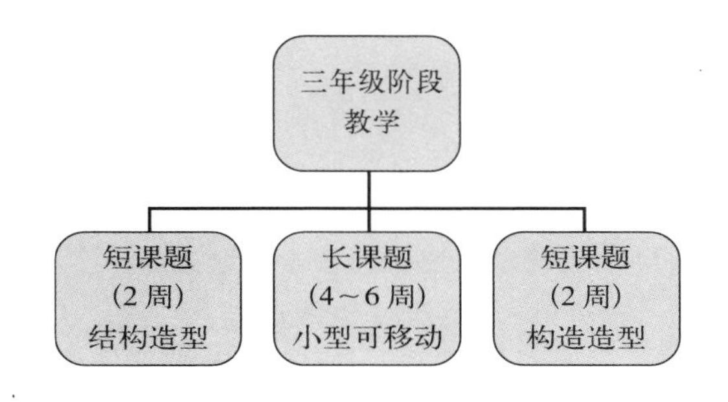

在结构造型课程开始，首先进行了6个课时的理论课程内容。利用图片及图例，向学生介绍了直线型的结构类型、曲线型的结构类型、空间形态的结构类型的主要表现形式。其目的就像教会一门语言时一定要先从字母开始一样，让学生在这些丰富的建筑语言中找到对于建筑设计的基础兴奋点与表达形式语言的基本内容。从这理论课中看到建筑结构的力量与丰富感。

一、结构造型课程主要教学纲要及步骤

●结构造型课程教学目的：（3周）

结构是建筑的骨架，对建筑形式有着内在的影响。结构造型课的目的是从建构的角度出发，把结构看成立体构成和空间构成中的元素，运用造型艺术规律来组织建筑结构，掌握结构的造型语言。一方面注重培养学生对建筑结构的力学合理性的理解，另一方面也要拓展学生运用结构造型表现形式的艺术创造力。

1. 课前理论准备

2. 课程内容准备了解与介绍（国外部分与国内部分）

■ 英国格拉斯哥美术学院建筑学院

● 长周期课题

● 基于自然环境调研

- 深入研究建造问题

■ 国内教学研究

■ 东南大学建筑系

以建构启动的设计教学

3. 整体教学规划内容介绍

■ 感性阶段　二年级的"为坐而设计"课程为学生对于结构，对于建筑，对于空间有一种初步的感性认知。

■ 理性阶段　三年级第一学期的结构造型课程和小型可移动建筑课程进入了对建筑、空间的理性认知阶段。从理论和实际出发，让学生对这一专业有一定完善的基础了解。

■ 综合阶段　三年级之后的长课题阶段，通过更加深入与完善的课程，学到更加翔实的设计知识，强化自己的设计内容。

4. 三年级一年的教学计划介绍

a. 三年级教学目的

■ 建立一种基于建造的建筑观

■ 结构元素的空间艺术构成

■ 理解建筑的力学合理性

■ 拓展结构形态的艺术创造力

b. 三年级教学内容与方法

■ 讲课与设计

系统化的讲课与阶段性的设计课题相结合

■ 建造实验室的建设与教学

■ 直观式、体验式教学

c. 课题设置

■ 短课题（2 周 × 3）（即本章所介绍的结构造型课程）

全面接触各种结构形式

基础性、技法性练习

■ 长课题（6 周）（即小型可移动建筑课程）

深入研究某一专题内容

探索性、表现性练习

5. 结构造型课程（短课题）作业要求：（两个对照组作业内容不同）

第 1 对照组：可以自由使用任意一种或几种建筑结构语言形式设计的

■ 某公园内修建一些临时建筑，用作展示、休息、售卖等功能。要求建筑必须有屋顶，可以挡雨。建筑用地红线是 15m × 15m，屋盖下建筑面积不小于 $100m^2$。净空大于 3m，限高 12m。

1）直线型的框架、桁架、拉索

2）曲线型的拱、悬索、曲桁架

3）空间形态的网架、壳、索膜

■ 1：50模型表达

第2对照组：只许使用一种建筑结构语言即框架结构语言设计的

■ 课题内容是：美院附中仓库添建项目，要求在附中庭院内指定位置建设一座临时仓库。要求充分利用给定条件，使用框架建筑结构，结构合理可行，外形与环境协调，空间尺度适宜。

■ 作业要求：制作1：50模型，及CAD平立剖图。

二、辅导与制作

1．辅导

在向学生介绍整个课程安排并完成理论部分授课之后，下一步就将引导学生进入初步的结构造型课程的小课题方案设计阶段。这一阶段大概进行一周左右，其间老师将与学生进行大量的交流与互动，让学生从理论中一点点找到自己的兴趣点，着手自己的小设计草图与草模的绘制。

作为第一个比较实际并完全的结构课程作业，学生往往会出现无从入手之感，这就需要老师能够更多地引导学生，将理论部分知识点尽量简单化、系统化。并让他们在结构中发现乐趣。

在理论知识点的讲解时，教师应该明确了解美术类院校中建筑专业学生的长处与短处。明白过多的数字和方程式对于他们是不可接受的，甚至是抵触的。所以更多的图片与说明图解的作用在这里是非常重要的。

在本课题段落中所强调的是学生对于结构的发现与理解。这一阶段学生的特点是，他们对于结构的种种作用与应用程式的理解显得比较缓慢，但是使用图例与结构解释分类图解给他们讲解，他们就会非常快地将结构的类型与样式及作用消化与理解。这里要特别提到将结构类型进行科学类型化的Heino Engel，他的专业书籍《Structure Systems》是比较权威的，并且较为适用于美术类院校建筑专业的结构基础教学。书中讲解建筑结构清晰并逐一带简单范例及相关条目注明的结构体系（Structure Systems）分类。让初入山门的学生，可以像查字

典一样将自己想像的建筑类型，在这本书中找到相关形式，然后再进行自我延展的深入设计。

我们利用这一理论知识的帮助，逐步地将学生带入到结构课程的初步设计中去。让他们自由地在自己理解的所谓框架下进行自由设计。完成草图和草模之后，教师必须做到每一个方案都要看到，都要讲到。因为这一阶段，学生对于基础结构的理解还毕竟比较初步，难免会出现理解上的出入与误解，教师必须在这一阶段认真观察与纠正问题。这就好像是刚开始画画时，画几何立方体时要纠正学生的结构关系一样，所以，教师在这一阶段的作用相对来说比较关键。

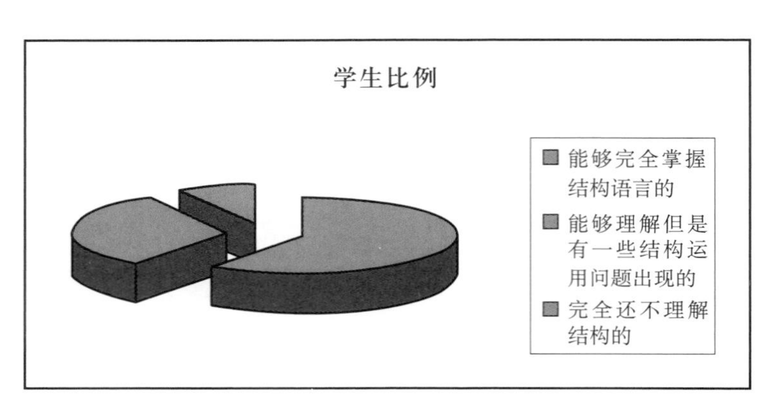

经过两年经验的整理，我们基本整理出如下的比例（这一比例会根据每年招收学生的质量不同而有所不同，但是大的比例是不会出现较大出入的）：

	能够完全掌握结构语言的	能够理解但是有一些结构运用问题出现的	完全还不理解结构的
学生比例	60%	32%	8%

2．制作

在完成对于学生的方案辅导之后，就要进入实际的制作阶段了，这一时期学生会在制作过程中出现更多的想法、修改意见与提议。这也是对于教师的一个从专业知识到耐心的考验，因为学生会在几乎任何时候、任何地点向教师提出自己的修改想法与修改提议，当然在后边的小型可移动建筑课题时这一问题会更加明显，但是教师也往往会被学生的热情所打动。

这一阶段学生会在搭建起来的骨架结构中找到灵感与信心。这点非常重要，这就像是一种信心增长的过程。看着自己在草图上没有信心的一些笔道和线条，正在被一条条木条与PVC板搭建起来，并越来越有结构的互相搭建感与建筑感，学生们会在制作中投入更多的热情与快乐。

3. 学生作品分析

我们在这里将挑选优秀作品3个，并加以点评。在点评之前将分析一下这两个学年度的学生构成成分与不同的课程设置内容，以便对应作品从中解读出更多的内容。

A：关于学生构成：

课程进行过程中，建筑专业与环艺专业的学生有着一个比较理想的比例搭配，相互搭配，相互影响。学建筑的同学可以在外观、结构和样式方面，学环艺的同学则可以在内部空间、展开形式方面，互相补充。所以这一长课程的学生专业比例是非常有利于课程推进的。

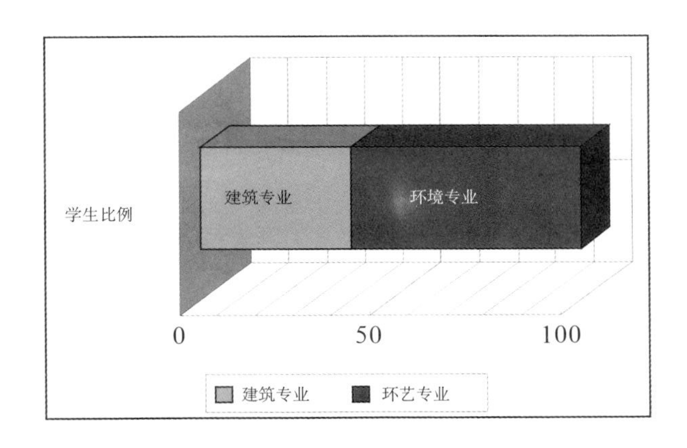

B：关于对照组：

(1) 可以自由使用任意一种或几种建筑结构语言形式设计的

(2) 只许使用一种建筑结构语言即框架结构语言设计的

进行这一系统课程的时候，我们在两年的时间里，特意在结构造型课程中，让两个不同年级的同学进行两个不同要求的作业。其中一组同学可以在所讲述的结构体系中自我理解，自由选择建筑形式，自由发挥表现（后简称1组）。而另一组同学则限制他们在规定的框架结构语言中，发挥设计完成作业（后简称2组）。

这样的作业要求设置各有优缺点。但是相同的是，其中优秀作业占作业的大部分，尤其是一些学生的想像力与他对于结构的理解力让我们眼前一亮。

优缺点主要表现在：1组有极大的自由度，学生可以任意发挥想像力，把自己最喜欢的结构形式与建筑语言发挥出来，可以选择不同的组合方式，表达相对来说自由、放松。缺点是因可选择的范围较宽，对于没有很好掌握结构体系的同学来说，会出现结构语言表现含糊的情况。2组因为只可以使用框架结构来表现作业，学生对于这一最基础的结构会理解得比较透彻，同时所设计建筑的大致受力情况与局部节点都会较轻松地理解与接受。学生在大结构为框架结构中还会融入一些小的其他结构，丰富表达形式。缺点在于学生会感觉作业表现形式略显单调，表达起来可选择的范围小。

1组优秀作业点评：

小结1：教师对课题的理解，教学过程中的心得体会

这一课程是建筑专业与环境艺术专业学生的必修课与基础课之一，在课程的学习当中，希望学生能够对建筑结构的造型语言种类与大致样式有一个大概的了解，让学生把结构看成为立体构成和空间构成中的元素，运用造型艺术规律来组织建筑结构。

通过模型作业的最终表达，让学生在一定的限定范围内，完成一个他认为最合理最完善的建筑结构造型样式。通过学生对于建筑结构的组合、自我理解与动手制作，可以看出学生最后对结构的初步理解程度与深度。

学生很好地掌握了结构的造型语言，对建筑的造型语言有了比较清晰的理解与感受。同时，在满足空间尺度比例的情况下，利用较熟练的模型制作能力和材料的控制能力，完成了一个相对完整与圆满的结构造型作业。

在理解了建筑结构的基础形式表达语言之后，学生利用自己在模型细节表达上的优势完成了一个比较精细的作业。从整个效果来看，作业表现出了学生对结构造型语言的一种初步的理解与感悟。

学生在理解了教学目的和熟悉了所学内容之后，完成了这一作业。作业的制作比较精细，结构清晰，比例合理，作业的完成度相对较高。可以看出结构造型这一课程对于这名学生今后的专业学习将会起到很大的帮助作用。

通过这次教学，我感觉到了设置这一课程的必要性与重要性。从最终的作业完成度可以看出，学生可以通过这个课程理解到重要的建筑初步知识，并可以激发他们的学习热情。作为意见，我希望在以后的同一课程教学中，加重建筑结构分类学内容，强调结构体系（structure systems）的重要性。

小结2. 如何组织建筑结构的教学以适应建筑师的需要

作为建筑学院基础课程之一，我认为建筑结构课程教学应该分为两大部分。第一部分为理论部分，即建筑结构分类学的学习。作为基础，建筑师或设计师必须掌握的是建筑结构的种类，及其划分方法。这就是分类学和结构体系（structure systems）的重要之处，对结构体系内容如果没有很好的掌握，就好像人没有掌握好语法一样，有再多单词也将无济于事。第二部分是实践部分，即对所掌握的结构体系进行自我组合与搭建，从中温习自己所掌握的结构造型知识。

这两部分缺一不可，相辅相成。

结构造型课程是后面小型可移动建筑课程的准备课程，我们在这里所做的所有工作正是在为以后的小型可移动建筑作业作技术准备，进行提前的思路引导。所以我们这里设置不同的课程作业要求，融合不同专业的同学与强调结构知识的理解与手头模型制作的重要性，都是在为后边的课程作铺垫与准备。

第二章　课题设置

第一节　小型可移动建筑课题概述

课题时间：在完成第一章所阐述的机构造型课程之后，我们马上进入这个课题的关键部分——小型可移动工作站的课题部分，时间为一周。

课题要求：与以往的课题不同，小型可移动建筑最初的课题设置动机首先来自于集装箱建筑中的结构思维的兴趣。我们要求设计的原始状态能够装载在一个9m × 2.4m × 2.4m的集装箱中。通过自主展开或搭建能够组合成为具有功能性的建筑单体。在面积上没有特别的限定，但是要求组合搭建的材料能够完全置入集装箱中，不能够超出容积的范围。

该课题与结构知识关系紧密，在设计中需要主动地结构作为造型和建筑创作的主要手段，这对于美术学院的学生来说有一定的困难。美术学院的学生在兴趣广泛、思维方面十分活跃，对于造型视觉和形态表现方面具有强烈的兴趣和热情。但是他们对于以理性的技术要素作为创作手段普遍感到陌生和不适应。因此，在课题设置阶段我们很担心，过于技术化的设计课题是否会使学生拘泥于并不熟悉的技术限制中，而丧失创造力和想像力呢？或者是这个课题沦为一般性的设计课题，而失去了运用结构手段来进行理性的设计的方法训练？作为一个实验性的课题，我们面对的第一个问题是如何设置课题才能够引导学生发现理性的设计方法的兴趣。

我们将建筑的功能定位于工作站，功能简单。环境条件设定为极限环境，通过环境对于建筑的要求来决定建筑的功能和结构要求。至于工作站的用途和具体的环境条件，需要学生自己来做出选择。

课程安排：我们分为三个阶段。第一个阶段是设计工作的准备阶段，在这一阶段，要求学生自由结合分组，人数3～5人不等。以一组作为课题讨论和研究的单位，每组要求提供课题方向和前期报告。每组课题方向需要是不同的。在第一阶段中，每组学生自己分工共同工作。第二阶段是设计条件深化、发现思路和方案设计阶段。在这一阶段要求提供一份中期报告，中期报告中要求提供详细的设计任务书和有针对性的分析，以及设计的原始概念。这一阶段还是以组为单位进行工作讨论，但是每个学生都要提供自己的方案思路和草图。第三阶段，是学生独立创作的设计阶段，每个学生都要提交自己的设计作品，但是他们会在组内进行讨论。

我们希望学生能够发现对于课题的兴趣，制定出设计任务书，而不是依赖教师给予。这就是我们在课题设置阶段预留的悬念，让学生自己选择以后的路。在这个时候作为教师，我们并不确切知道最终会是什么样的结果。但是我们通过严密的课程结构安排和课程阶段要求，保证了成果能够顺利完成。

第二节　开题（课题的发现）

在这一课程开始的开题内容中，我们强调了一个中心内容——兴趣点的发现。在前一小课程中学生已经对于结构有了一定的了解并且课程内容相对来说比较严肃与严谨。所以在这一长课程与重点课程中，我们从一开始就将课程气氛与内容调整到尽量轻松与自由的环境中。

A． 课题步骤与工作站基本技术要求及相关技术资料

课题分为四个阶段：

i． 前期阶段

学生在调研阶段有三项任务：

a． 分组：我们要求学生4人左右为一组自由结合，以组为单位进行课题选择和调研工作

b． 选题：每组学生必须选择不同的课题进行调研和设计

c． 课题调研：以组为单位进行课题调研，并提交前期报告

调研内容包括

① 对极限环境的地理、自然、人文资料的收集

② 工作任务的资料报告

③ 功能要求与人员组成

④ 相关图片与影像资料

ii． 中期报告

iii． 设计阶段

iv． 成果表达

首先要向学生说明的是课程的切入点是随意性很高的。他们可以在以下的大范围内进行选择（当然在一定许可度的情况下学生也可以进行自我创造）：

1． 发达城市环境中可应用的可移动式工作站（紧急抢修，城市基础设施的维护保养，特殊需要的短期观察等）

2． 地球上已有的不同自然环境中可应用的可移动式工作站（极地科考，石油钻探，自然资源拍摄，考古，生物科学性研究，自然资源调查等）

工作站建造的环境条件设定为极限环境，例如极地、自然灾害的发生现场、热带雨林、火山地震多发地带、人口极为稠密的地区、荒漠无人区等等。建筑场地可以是在地球环境中的任何非常规的环境中，但是建造过程不能够破坏环境和对环境产生永久性的改变。建筑需要与环境发生密切的联系。

之后我们提供的是在确定环境情况下的小型可移动工作站的基础模数：

可移动式工作站（含实验区域）
基础尺寸模数 9m × 2.4m × 2.4m

本课题要求以一个尺寸为长9m、宽2.4m、高2.4m的集装箱为母体。要求建筑的原始状态能够装载在该集装箱中。通过自主展开或搭建能够组合成为具有功能性的建筑单体。在建筑面积上没有特别的限定，但是要求组合搭建的材料能够完全置入集装箱中，不能够超出容积的范围。集装箱既作为运输与容纳的规范，同时箱体本身也可以利用作为建成建筑的一部分。

获得地点与建筑基础模数之后，将给这个课题提出如下要求：

1. 因为环境的不确定性，可移动式工作站必须满足相应的功能上的要求。
2. 工作站的打开与回收都能够表现出很好的功能状态与不同的形态。
3. 结合第一阶段的课程（结构造型），让学生较好地掌握结构的基础表达语言（方式），设计出结构合理、功能完善的小型可移动式工作站。
4. 可以利用现有的城市或自然条件，进行搭建。
5. 结合一定的网络资源与相关文章、影视作品与图片进行虚拟体验。

在以上的地点、基础建筑模数、功能要求都符合的情况下，学生可以自由发挥与创造。

首先在地点的选择上，我们在开题的阶段即引入了兴趣点发现的方式。我们之所以强调随意性与兴趣的重要性，是因为在美术院校中的建筑学院，让学生带有兴趣地学习结构、发现结构并带有热诚地学习建筑，兴趣是最为重要的动力。学生们往往都是经过少则2年多则5年以上绘画基本功训练的，他们对于事物的感知、理解与认识往往是感性而自由的。比如：美术类学生与理科类学生同样背诵一段文字，美术类学生会去先寻找自己的兴趣点或兴奋点，比如这段文字边上的插图或文字中吸引自己的文字段落。然后根据这些点进行理解与大致框架的记忆。而理科类学生则是会很理性而准确地从文章的开始循规蹈矩的逐字记忆与背诵。当然两种方法的结果可能是一样的，这里并不是说孰是孰非，而是说，对于美术类高校的学生来说，学习理解一个事物，兴趣是多么的重要。

正因为如此，开题的时候我们给学生看了相当部分的图片与影像文件。其中主要包括国际地理、探索频道Discovery Channel，以及一些科考的内容和一些电影的片段提示。让学生理解我们所生活的自然与城市环境是如此的丰富，自然世界中丰富的自然景观与人文、民族景观，城市中的各种形态环境，都是学生们可以选择的切入点。

B. 国外关于可移动建筑与集装箱建筑的图片资料

国外可以查到的科考基地与可移动建筑资料内容也比较多而庞杂，这里选择了一些比较接近我们课题的作品，其中有一些也许初衷或目的和我们的课题并没有什么关系，但是其中总会有些理念或表现让我们眼前一亮的。

矶崎新（ARATA ISOZAKI）A宅

A宅　这是在感知自然运行的同时，使对生之根源的精神上的下降成为可能的小宇宙。被球体或者圆柱体包围的封闭空间是把对宇宙卵进行的胎内回归在模拟性上使之成为可能的卧室。通过显露的建筑框架表现向外界开放的空间，是进行地方性交换的居室。对不停迁移的流浪者来说，这是连接野营车的固定房屋和移动房屋，是雌性和雄性，是相互对立和连结这样一对关系。

住宅的平面设计，主要根据居住在内部的人的行动方式来确定。对于居住者的日常行动，如果我们用固定的墙壁进行限制的话，住宅的实用将受到限制。能否根据居住者的意图来改变各种不同的空间和使用领域，除了拉门这么简单的结构之外，还有没有其他的方法呢？从这样的观点出发，作为拥有具体形态的模拟模型，我们设计了感应房屋。在此我们选择的是从边长7.2m的立方体，以及直径为4.8m的球体。立方体是个可以用最短的一边，包容最大体积的等边体。球体可以用最小的表面积包容最大的空间。球体垂吊在立方体的框架中，它可以将总体的振动相互抵消吸收。

内部空间通过三个可以活动的隔断分隔，适应不同的用途和生活行为。其中的一个隔断是楼梯，通过它可以登上上方的密室。旋转该隔断，可以在起居室中围出一块用作书房的角落。另外的两个隔断，分别和嵌入墙内的各种设备部分成为了一体。

由于立方体是固定的，所以可以称为是静态房屋，具有可移动性，可以移动到任何场所。作为临时生活场所的露营车则可以称为是移动房屋。这两者，在观念上保持着雌性和雄性的关系，所以理所当然具有可以结合的结构。露营车的气阀正好起到了连接的作用。

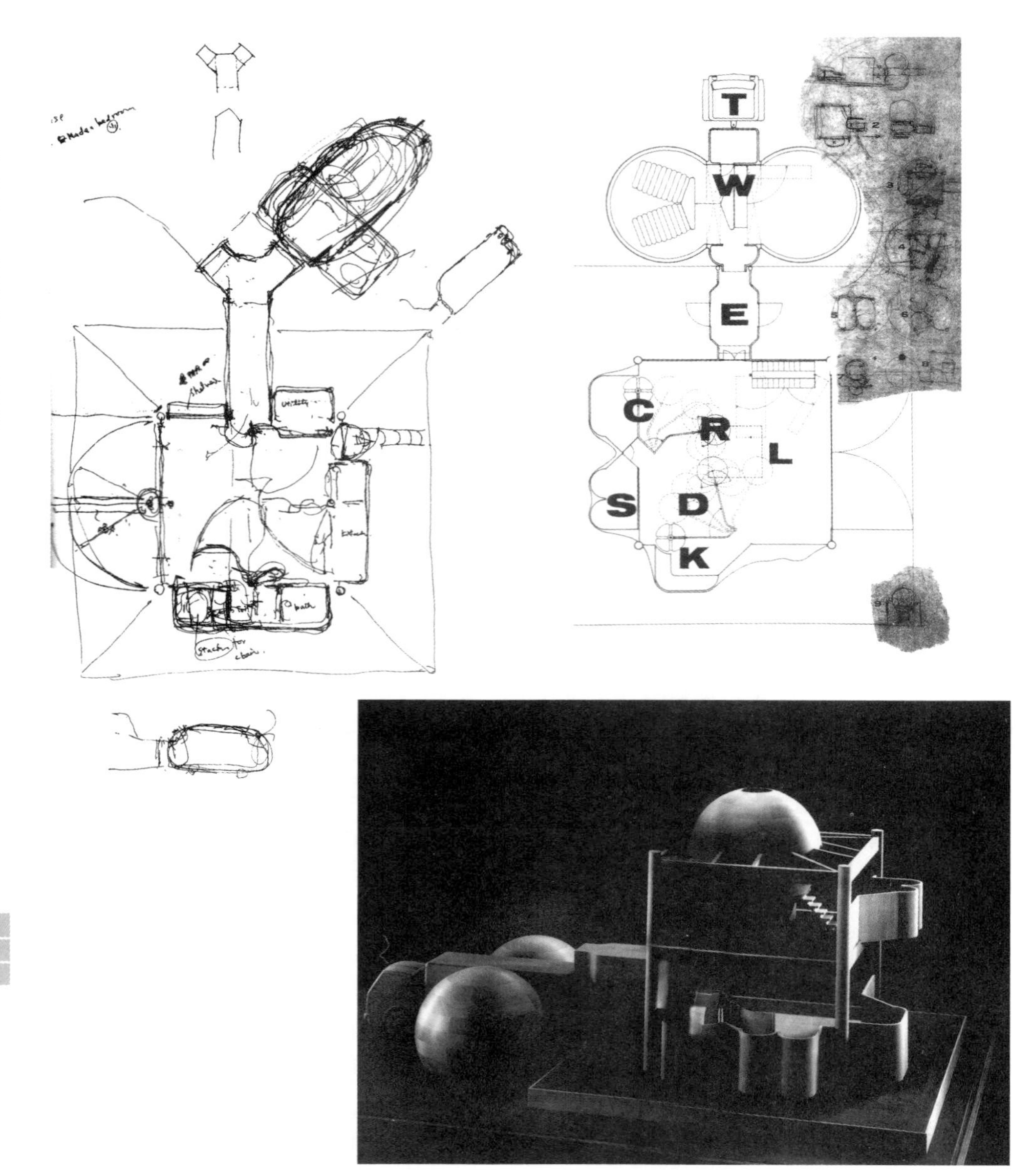

图片来源：《反建筑史》—矶崎　新

国外相关作品

房屋像杂草一样生长建成

——85岁的美国建筑师John把植物变种的概念升级到另一个阶段。我们能够从遗传学的角度上建筑一种可以适合人类居住的植物吗?

带着明显的欢喜之情，建筑师John缓慢地说:"交换，是一种生活。你可以看到，改变和无法预测的事情使我兴奋。"他继续说了一些他不想听见的感受意见，——这是一座优美的建筑，每一样东西都配合得天衣无缝。"这些话是不正确的，那是我们所梦想的居所，但不是我们所居住的。"John是一个热衷于把梦想与现实尽量平衡的建筑师。有朝一日，蓝图将不再以书面形式绘制于纸上。取而代之的是把编制代码的形式转换成为桶装的液体化学物质——房屋的智能污水池像葡萄藤一样萌生。十月，普林斯顿建筑出版物发表了一系列由John设计的实验项目，他已在15年前结束他的职业生涯退休。标题:微小的建筑设计:一种新型的建筑代表了John从实践中获得的无限制的设想。文章从现实到理论解说了这种新产生的建筑技术，John在实验中开发利用微薄的纤维玻璃外壳，这种玻璃如今被广泛使用于建造大型船只的船体，由NASA研发的动力结构用于太空、电磁以及分子工程领域。这位建筑师的分子工程房屋和大型的综合公寓是书中最基本的以及最具思想的项目。他们的设计缘于极微小的技术，由单个的原子和分子建成电路和装置的科学。它是一种假定的制造方法的基础，物体通过对每个原子的单个独立的规范和布置被设计和建造。首次装配实验是在1990年，根据物理学家Richard在45岁时的一条叙述，微型技术有能力制造任何人们想要的化学性稳定结构。John把分子工程房屋的实体编程为化学物质，然后把这些化学物质放入大桶里，让它们生长成为住房。根部演变成房屋的地基，薄膜变成墙壁和地板，毛孔演变成窗户。灯光、维护和清洁虽然在开始的时候就已经被编码，但仍然是可以变更的。建筑师可以调整生长阶段，一次生长几个楼层，或者根据需要暂时停止生长，一段时间后再继续。在公寓建筑里，每个单元都可以被编码和生长在隔开的桶里，制造出的公寓具有订制设计的内部结构和可订制栽培的外观、照明、纺织品和家具。这些听起来就像一个科幻幻想，但是John认为这项技术在接下来的几代人里就可能实现，不仅仅是可能，他辩解说，而是不可避免的。

"我正在尝试使房屋布局从不可移动、静止和笨重里脱离出来。我很高兴分子工程房屋很轻便。这是我一生职业生涯的奋斗目标，从厚重到轻便，从静止到运动。"他的工作也包括从沉默无声的设计调整过渡到智能的，神经机械学的建筑。

"在同行中，至少在他这一代的美国建筑师中，John可以说是最具有试验精神的建筑家。"纽约Pratt学院试验结构建筑中心的Lal教授说。他曾经和John合作过"空间迷宫的几何学"项目。Lal指出，John首先把建筑考虑成"硬件"，他其他的建筑方针都围绕着这个主题。他的建筑形成都来自于建筑技术和物体本身的组成。

85岁的John变得瘦弱，他的头发变的花白，听觉也在变聋，但是他的声音，依然坚定有力。由于已经在Pratt学院教课50多年，他说话的方式是老师所具有的有尺度有思想的口吻。退休之后，他说，"我有最优先的环境来处理纯粹的想法，而不是通过辛苦的建筑实验 、资金的缺乏等等来折中退让。我让自己坐下来，给自己一个星期，在这一个星期里设计了12个项目。他们都是一些粗糙的陈述，但是他们展示的是清晰的建筑技术。一些内容随后被删减又增添了新的内容。这些工作花费了我大约10年的时间去完善，平均大概每个项目花费了1年时间。模型是由我在Pratt学院的学生绘制完成的。"

John的磁悬浮剧院包括3个轻型部分，充气的管子框在铁架中，固定在另一个建筑的顶层。磁悬浮可以使舞台布景，灯光，投影，演员甚至观众根据需要向不同方向移动。吸引力和排斥力应用于墙壁、地板、屋顶以及舞台本身，可以使舞台和座位区漂移。可变化的太空舱部分是一种变异气泡，由内部连续的空气压力支持着，使用电磁刺激，可以改变形状，明暗程度和颜色。电力支持几个不同的肢节，改变了太空舱的形状甚至使它振动。整个物体可以被一个手动装置由物体内部或外部控制，或者编制程序遥控。

John的在Pratt学院的学生在他们教授的监督下用6盎司的塑料水壶、真空胶皮管和药瓶来建造这些模型。"如果你走近点，你甚至可以看见瓶子上BAYER阿司匹林的商标。这些材料都正是我想要的，制造东西是建筑的一个失败，应该去寻找已经存在形成的美丽的东西并把他们组合在一起。我花费了一段可怕的漫长的时间在Canal街上掏出这些东西。"一个会展中心想要悬浮在两座建筑物中间，这项网络型工程，是由装水和牛奶的容器编制在一起的，带把手而且可以储存起来，在野营或者紧急情况时使用。John很乐意提示人们一点，塑料只有1/32英寸那么薄，却可以装50磅的液体。他很享受这种平凡的功能性上的成功。

漂浮房屋和漂浮会展中心以175英尺高的，由船只外壳常用的微薄的玻璃纤维增强塑料技术建造的曲线墙壁而闻名。这些微薄的、半透明的墙壁允许自然光在室内随意折射光线。天黑以后，屋子像一朵百合花一样发出光亮，它的花瓣在夜里合拢，在水中的射影就像另一个月亮。两层高的房子中间是一个盘旋的中央楼梯间，一个水面平静的泳池设置在一楼的公共位置，屋顶的甲板平台，内部的阳台和内部家具都和外观材料一样，由同样发亮的、可雕刻的塑料制作而成。这种振动的，有机的，舒展的流动工程实际上是对John在50年代中期著名的、没有实现的喷射房屋的一种回忆。喷射房屋看上去像无脊椎的海葵。这些房屋是把微薄外壳的水泥喷在铁杆框架表层并且固定在一起。

折中主义和实验都在John的职业生涯里留下了痕迹。"我曾经很活跃"，他骄傲的承认"我不模仿我自己"。他生于1916年，父母都是油画家，和保罗·鲁道夫，菲利普·约翰逊和贝聿铭一起于1942年毕业于沃尔特的包豪斯德式风格的设计学院。他在战时建造木制海军军营，二战以后，他相继为马歇尔·布鲁尔及斯基特摩尔等人工作。即使在设计建造当时流行于美国的新古典主义别墅，以及于1962年完工的新古典主义都柏林美国大使馆，他也一直在从事他的喷射混凝土工作。到了60年代中期，他创造了粗野主义建筑：厚重，缓和，合理以及混乱。在俄克拉何马的哑人剧场——The Mummers Theater不只是John个人喜好，它也是一种突破和对几年后建在巴黎的蓬皮杜文化艺术中心的一个明显的影响。在俄克拉何马的建筑体，是由不同大小的金属外壳的货车车厢形状的建筑由管道连接成的，并且漆了生动鲜明的油漆。当这种设计甚至使John自己都感到吃惊时，他说，"这是一种爆发，不能再保持沉没了。"

Michael Webb，建筑项目的组织者之一说"Mummer建筑的精彩之处在于它展示了一种区别于其他建筑师的愿望。其他建筑师认为适用的材料是混凝土、玻璃、砖头，而John使用的是金属墙壁覆盖并且把它喷画上鲜明的色彩。他与众不同之处在于他愿意采用现在新一代建筑者的想法——舒适性和花费能力，而这些想法正是其他专业的美国建筑师不感兴趣的。"

1985年，John展示了如何使用一台起重机重新装修迈阿密海滨旅馆的方法（未实现），这种方法和他后来在1972年建造他自己的房屋的时候使用的方法极其类似。也许是受了Peter Cook在1963年设计的Plug-in City的影响，他的所有杰出的金字塔结构建筑的独特性都展示在铁框的连接点上，在这些点上，房间可以被铆钉，平台可以被增加或者移走。John的微型技术把重新装修或者说变异能力提升到另一个阶段。Webb说，"和其他材料不同的是，比如20世纪初，我们对微型技术几乎一无所知。我们不知道材料将如何用于建筑应用。那时候的局限是你可以做什么，而现在是局限在你的幻想。如果这项应用可以达到，在建筑方面的影响将是急进的，你可以谈论像高层公寓和桥梁这样的实体。这有多大的可能性？我不知道。这都是精彩的疯狂念头。这种概念和植物的生长极其类似，但是你可以以基因建造一个植物并且住进里面去吗？并且这要花费多久呢？这些问题是此刻无人能够回答的。起初我看这本书的时候认为是一项长期的可观的研究。我对它感兴趣不是因为它是存在着的，而是因为它可以引导出更多。"

日前，John 正在试图通过设计一座悬臂桥梁，一座博物馆和一个在纽约的小型社区，来扩大分子工程结构的范围。"我坚信在历史上真正的改变只发生在建筑技术的改变之时。现在，我想我们在等待一项新的技术并且人们并不知道应该朝何处变更。他们什么都追随潮流，试图追随到未来，这显然是一种疾病。" John 非常喜欢技术。"有许多原因可以去拒绝技术，它的破坏性就是一个罪恶。对技术变革的阻力总是存在的。从历史来看就是这样，但这也是需要被尊重的。人们都不喜欢变革得太快，但是我喜欢。科学技术也可以充满诗意。身在其中，我感到欢愉、舒适和快乐。"

图片来源：《FRAME 30》 ——2003年1月/2月号

游戏和电影中的手绘

与很多建筑师的设计作品一样，一些科幻作品和游戏设定中的某些想像设计也为我们提供了很大的帮助。比如：在一些经典的电影当中，往往需要设定上百件的想像性质的交通工具与建筑，这些东西往往带有很好的展开性与前瞻性，对于这个课程的前期想像是非常适宜的。

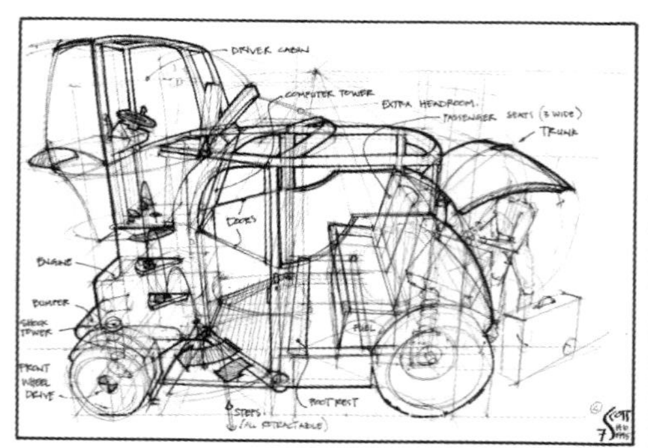

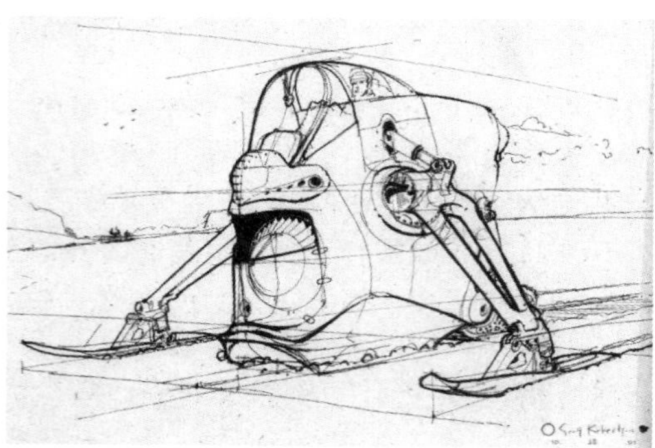

图片来源：bbs.billwang.net

C．极限环境条件提示

课题资料的选择是学生最重要的工作内容。尽可能多地给学生提供可选素材也是我们的主要工作内容，因为这关系到后边几周的发展进度与最终的课程效果。鉴于此，特将我们收集的地球上主要环境，人文、地理环境，编成简页发给学生，希望能给学生提供较好的帮助。这里只简单列出几例，以供参考。

一望无际的天空
Breathtaking Big Sky
摄影：彼得 · 艾席克
受到冰川的刻画与风的磨蚀，智利的托雷斯德斐因国家公园是原始自然环境的最佳典范。

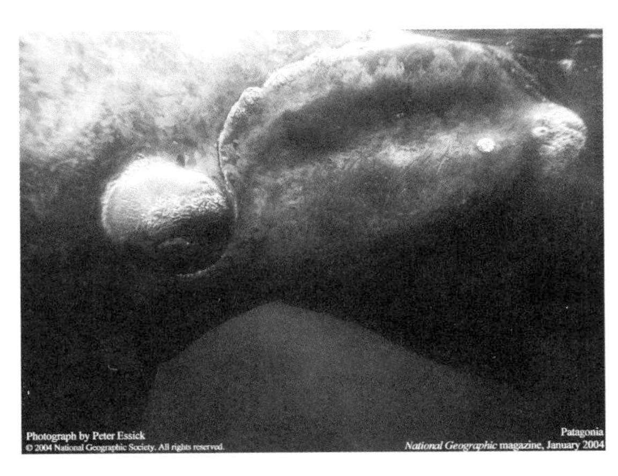

亲子关系
Family Ties
摄影：彼得 · 艾席克
前往南极洲进行春季迁徙之前，南露脊鲸宝宝紧跟着妈妈，在巴塔哥尼亚的新湾巡游。
Central to this image is the eye of a baby southern right whale. The young whale sticks close to its mother as they navigate Patagonia's Nuevo Gulf before the spring migration to Antarctica.
Photograph by Peter Essick

美国／拉斯韦加斯

拉斯韦加斯位于内华达州东南角，西南距洛杉矶466英里。市区面积142平方公里，人口25.8万，治安混乱，黑帮、自杀等社会问题严重。

South Georgia island, Falkland Islands
南乔治亚岛，福克兰群岛
1998
Maria Stenzel

图片来源：国家地理网站

D．课题资源的寻找

当学生们对某一环境、城市或地域、气象现象、民族或科研课题感兴趣的时候，下一阶段就是让学生在发现课题的同时，去寻找和发现相关的更详细的资料，以便在初期报告的时候确认地点与课题。更重要的是让他们对于在他们发生兴趣的区域内，将要诞生一个怎样的小型可移动建筑有一个初步的认识。这个建筑将如何展开，如何配合工作者工作，完成什么工作，克服什么困难等，都将是他们要去思考的问题。

正因为如此，对于感兴趣的课题进行详细资源的寻找是非常重要的工作。因为条件和环境的限制，学生们不可能去参观一些实际的工作站或科考站，那么获得更多直观资料的方法就只有电影与网络了。现在随着DVD技术的成熟，学生找一部片子，并选择其中自己有用的资源，早已不是难事了。这之后，截取某一部分进行分析与资料充实，也是很方便的。试举一例：我们都记得《侏罗纪公园》中巨大的科技研发中心与科研考古工作站的镜头。这就是我们可以比较方便得来的技术资源——通过镜头中人物的比例推断出工作站中物品的大小尺寸，所需要物品的样式，以及一些工作站的形式，这就给学生后边的工作奠定了基础。带有相同科幻性质及科学性质的电影不胜枚举，我们会发现只要是我们感兴趣的点，几乎都有对应的电影。

网络也是一个很好的资源收集点。搜索引擎的强大，使我们可以找到很多以前无法找到的东西。同样的，关于相关课题的资料也会在网络上找到很多，尤其是一些国外相同或相近的设计。在这里老师会提供给学生一些比较具有学术性的或探索性的建筑类或工业产品类网站，让学生从中获得一些灵感与切入点。

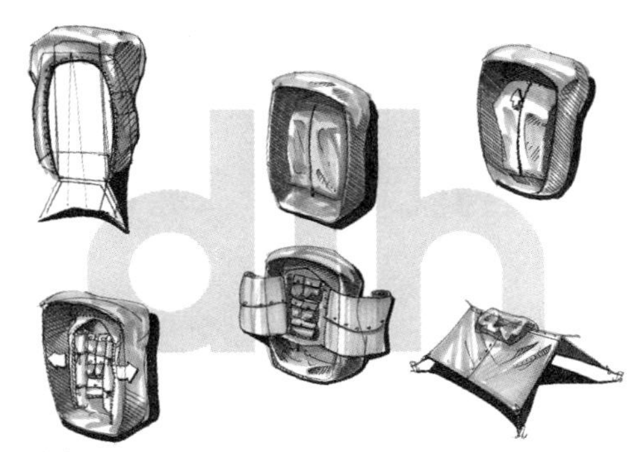

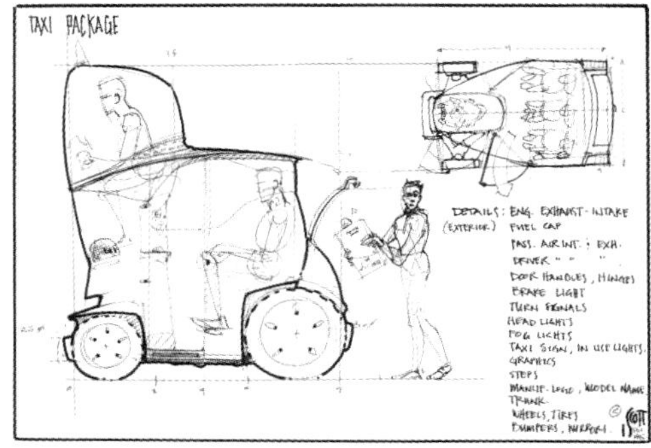

图片来源：bbs.billwang.net

小结

在这一个阶段，调动起学生的制作热情与兴趣是非常重要的，这一点在前面我们已经多次强调过。正因为如此，我们选用了以上的深入调查完善资料的方法。这些方法，学生会很愿意接受，并点燃起他们的兴趣，也会在兴趣中完善作业。

第三章　开题报告

经过一个星期的自由分组，资料整合，学生们很快就完成了他们的课题选择与开题及前期报告。他们的认真与热情也感动着我们。

两年中，共有27组共计91名同学参加了这一课程内容。所涉及到的题目与内容包括：

1. 海啸抢险救援
2. 飓风、龙卷风状态的观测与防止（2组）
3. 城市青年极限运动专用工作站
4. 非洲野生动物观测与保护
5. 可可西里（藏羚羊保护）（防盗猎）
6. 科考摄影、拍摄工作站
7. 灾后救助与救援
8. 城市动物保护与动物疫病防治
9. 热带雨林自然资源的调查与保护（2组）
10. 海洋勘探资源科学考察
11. 战争记录
12. 浅海海洋动物观测与保护（2组）
13. 城市心理咨询与治疗活动工作站
14. 埃博纳火山状态监视与科研
15. 泥石流状态的观测与防止
16. 城市犯罪调查及现场证据提取保护
17. 中国南海资源科学考察
18. 广西大石围自然资源的调查与保护
19. 湿地自然资源的调查与保护
20. 地震相关数据的采集与科学调查
21. 极地自然资源的调查与保护
22. 食人族生存状态的调查
23. 城市边缘白鹭的生存状态的调查

在开题与前期报告中，大部分学生的丰富想像力与资料的完善度已达到了一定的水平，但因篇幅所限，我们只选取3组比较完善的前期报告，并加以分析总结。

2002级3人小组（1名男生2名女生）
建筑1人　环艺2人（结构造型课第1对照组）李政，马珂，赵丹丹
题目：城市犯罪调查及现场证据提取保护（csi）

Mobile Workstation 方案报告
Design of CSI (Crime Scene Investigation)
Mobile Workstation

● 选题

CSI (Crime Scene Investigation) Mobile Workstation
犯罪现场调查小型可移动式工作站

● 要点

现场 locale 小型 miniaturization 可移动 mobile

● 地区

选择参考地区：美国/拉斯韦加斯
拉斯韦加斯位于内华达州东南角
西南距洛杉矶466英里
市区面积142平方公里
人口25.8万
治安混乱 黑帮 自杀等社会问题严重

● 任务

✓ 全面充分的证据收集 evidence collect

指纹 finger mark　脚印 footprint　毛发 hair　组织样本 swatch　血液 blood
纤维 fiber　凶器 weapon　物品碎片 fragment ......

✓ 快速准确的物证分析 evidence analyze

✓ 进行案情分析的科学实验 experiment

✓ 为现场的临时指挥/通信/急救提供可靠平台

● 工作人员

基本工作人员6名（不包含助手及其他周边工作人员）可包含以下种类工作人员
法医　生物学/化学分析家　证据收集/分析专家　武器/炸药/弹道专家
声音/视频资料专家　车辆专家　物理学家　通信/计算机/网络工程师
其他科学家　助手　辅助工程师　周边工作人员　设备维护人员　驾驶员

● 主要功能要求

CSI (Crime Scene Investigation) Mobile Workstation

犯罪现场调查小型可移动式工作站
主要应满足以下功能要求

- ✓ 指纹提取/检验部分
- ✓ DNA 提取/检验部分
- ✓ 物品成份分析部分
- ✓ 尸体检验部分
- ✓ 证物分类/储藏部分
- ✓ 实验/其他分析部分

● 辅助功能要求

工作人员物品储藏 工作人员休息室 卫生间 通信设备 防辐射系统 系统隔离，消毒设备 生活保障系统电力系统 水循环系统 冷却/取暖系统

● 极限状态

CSI (Crime Scene Investigation) Mobile Workstation
犯罪现场调查小型可移动式工作站
可能运行于危险环境

比如犯罪分子使用细菌武器，化学武器时
生化武器已经爆发，污染已经发生
犯罪现场空气、水体被侵蚀，不能使用
在场人员也受到不同程度的沾染
现场通信设备被毁

● 解决方案

工作站在这样的环境里也应能够正常工作，并且担负起保护其中工作人员安全的职责

工作站的表层设有可将整体隔离起来的保护膜
所有入口和出口处有可折叠的应急用消毒室
并且连接有可向外伸长的伸缩型通道
工作站的内部有自己的空气净化循环系统，可与外界隔绝
自身装备的水循环系统可以维持设备与生活用水，应急时可抽取深层地下水
工作站自身通过计算机控制的生活保障系统来最大限度地节约效能
工作人员可以在安全的环境中对案件展开侦破
便捷的通信可是内部与外部保持联系，方便支援与协助

● 总结

CSI (Crime Scene Investigation) Mobile Workstation

犯罪现场调查小型可移动式工作站

是一个可移动的，方便快捷的案件侦破中心
可以机动灵活地运行到各种错综复杂的犯罪现场
凭借灵活多变的组合形式，和自身所提供的强大功能
为法医、科学家、侦探们提供了独一无二的工作平台
某一天，也许它真的会出现在某个犯罪现场
出现在你的眼前
出现在未来的世界中

Data From

Discovery Magazine: Crime Lab
Discovery Channel

CSI Crime Scene Investigation
DVD video

Unknown Website
NET

And
Our dream
……

评述：这一组学生很清晰地理解了这一课题的每一步要求。在初期报告的开始他们简单扼要地描述了自己的开题内容及所需要工作的环境情况。之后对于工作站的主要功能、任务、工作人员数量和工作分工以及极限状态和解决方法都作了大致而准确的描述，没有繁琐多余的内容，每一部分都是必需而准确的，这样就为后期的工作扫清了道路。在结尾，他们很清晰地把他们的资料来源加以描述，我们看到除了我们提供的方法之外他们还加上了他们自己的梦想，这不正是我们希望学生要做的吗？这份初期报告准确明了，正是我们希望得到的比较理想的初期成果。

2003级4人小组（3名男生1名女生）
建筑3人　环艺1人（结构造型课第2对照组）李景明，封帅，柯鉴，陈苑苑
题目：热带雨林自然资源的调查与保护

开题描述：

滋润着800万平方公里的广袤土地，孕育了世界上最大的热带雨林，使亚马孙河流域成为了世界上公认的最神秘的“生命王国”

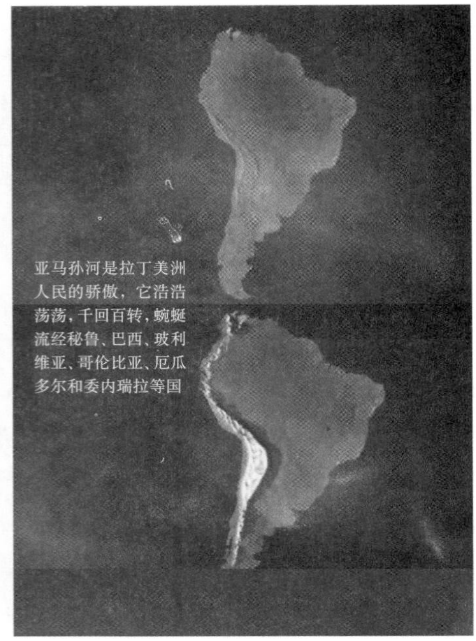

亚马孙河是拉丁美洲人民的骄傲，它浩浩荡荡，千回百转，蜿蜒流经秘鲁、巴西、玻利维亚、哥伦比亚、厄瓜多尔和委内瑞拉等国

它是美丽的，而如何保存它动人的光彩，则是留给人们的永恒思考

据巴西国家地理统计局的数据显示，亚马孙地区每年遭到破坏的雨林面积达23000平方公里。在过去30年中，这一世界上最大的雨林区的1/6已遭到严重破坏

初步的设想与设备要求：

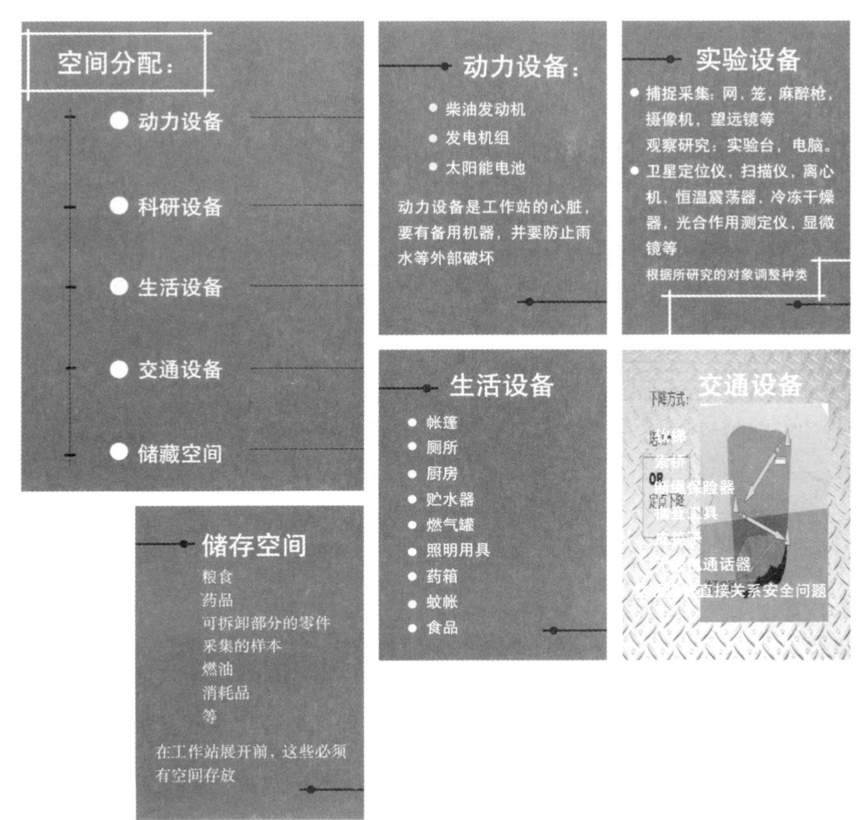

展开方式设想：

……选题……

报告的初期我们想过很多的方向，最开始我对柯布西耶的最小人居单元研究比较感兴趣，于是萌生了做一个既能满足人生活的最小空间，又能进行一定搭接组合形成一定群体的半永久性可移动建筑。这种建筑形式适合于这次遭受到印度洋海啸严重影响的沿海的第三世界国家。那些贫民需要的不仅仅是一个临时搭建的帐篷，因为这样并不能解决更长远的问题，通常情况下他们会在临时帐篷的基础上进行一些加固，就成了他们永久的住宅，街道，社区也就随之形成了，这就是在不发达国家常见的贫民窟。如果能给他们哪怕仅仅是其中一部分人提供一些半永久性的住宅，那么必然就会在放置搭配这些住宅的时候进行一些规划，同时，这些半永久性的住宅也能抵御一般性的风暴袭击。将来随着发展的需要，盒子又可以任意移走，恢复基地的原有地貌。

不过这个想法和课题的要求有一些出入，所以我又选择了第二条路。把基地选择在热带雨林是觉得雨林比其他的环境容易猜想到，在过于严酷的自然条件下，设计将越来越受到许多现实条件的限制，而其中有很多重要的前提是难以预知的，相比之下，雨林的情况还算较为清楚。把可移动建筑的性质定为科学考察站，以便更全面深入地观察研究热带雨林的生物生存模式和气候环境。

……基地……

收集了一些有关的资料，对雨林有了更详细的了解。有几点引起了我们的特别关注。

一是在雨林中进行科学考察，必须注意对人的活动进行一定隔离。考察从某种意义上说也是对雨林的一种干扰和破坏。隔离是双方向的，既要让人不受雨林中毒虫猛兽的危害，也要让人的生活研究尽量不影响雨林生物的生存生活。雨林中有很多未知的病毒细菌，人对其没有免疫力，同样，人类社会中的许多细菌病毒对雨林中的动植物也是致命的。所以，应该严格控制人与雨林接触时可能的相互污染，所有的生活垃圾包括废水、粪便也应该带走而不要留在雨林中。

二是关于雨林中的生物群落。雨林的土地被一层厚厚的植被所覆盖，到树冠一般有十几米的高度。树冠层植物丰富，相反地面较为空旷，人可以在其中穿行。不过热带雨林的地面非常潮湿，湖泊河流星罗棋布，而且下层也是大型猫科动物活动的主要区域。在雨林的中上层拥有非常丰富的动植物资源，但由于条件限制，这也是一般研究所不能到达的区域，目前对雨林中上层的研究还非常有限，有许多未知的事物等待着我们去发现和了解。

三是雨林的气候特点。潮湿、闷热且多雨。而且气候往往变化无常，有时还会有阵风。需要我们在设计时着重考虑。

……结构……

前面的结构课增加了我们的结构意识：建筑作为一种语言，必须找到一种有力的形式来叙述，而结构应该成为形式的组成部分，至少，它应该有所显露，而不应该仅仅成为表皮掩盖下时隐时现的东西。

当然，这个课题的特殊性决定了结构的重要性是在解决最实际的问题。轻质，坚固，简单快速是对结构形式的要求。在综合了各种结构形式之后我们选择了张拉整体结构来统一所有的部分。同时我们也希望在设计的过程中对此结构有一点更切身的体会。

在此之前我就已经对该结构体系有一定的了解，对于我来说，该体系最令我兴奋的不仅是它特异形式本身，还在于巴克明斯特·富勒创造该体系的整个过程，他从自然界的普通现象中（气球的膜既受膜的张力也受内部气体分子撞击所产生的压力，宇宙中的星体既受引力也受拉力……）得出结论：肯定存在这样一个体系，它仅由受压和受拉两种构件组成。他在提出该理论后的几年中一直反复念叨，最后终于由他的一个学生创造出来。随后该体系不断发展完善，著名的富勒球是一个体积越大自承重也越大，所有构件都相同的奇妙结构系统。亚特兰大奥运会上的乔治亚大穹顶非常轻巧，平均每立方米的重量只有几公斤。目前世界各地经常使用的无框大面积玻璃幕墙也与其体系有关。将拉力与压力分离至少有两大优点：一是分清了构件的受力情况，这样我们就可以选择不同性能的材料来满足其要求，像乔治亚大穹顶那样就是充分利用了钢索能够承受极大拉力的特性,从而减少了多余的重量。玻璃幕墙则利用了玻璃抗压的特点。二是使节点的受力变得简单清晰，节点通常是一个建筑物中最脆弱的地方，需要用昂贵的材料。这些都是明确了相互关系后带来的好处。这使我想到了路易斯·康的“服务性空间与被服务性空间”，从表面上看这似乎是人尽皆知的概念，但是路易斯·康如此强调二者是因为它们对应着墙结构与框架结构的相互关系。在路易斯·康的建筑中，墙不是像柯布西耶或者密斯那样成为框架结构中空间的分割的手段，而是实实在在地成为了一种结构形式，并产生了新的建筑语言。

在小型可移动建筑当中，张拉整体结构与折叠结构结合在一起，展开和折叠都非常方便。

评述：这一组同学在开题时用非常诗意的语言描述了自己的理想展开地点，希望保护环境与动植物的热情跃然纸面。之后又比较理性地设置出一个由五个模块组成的工作站的基础模式，并寻找到了很能说明问题的图片，将以后希望使用的展开和科考模式表达了出来，清晰准确，让人非常期待他们之后的设计与成果。

2003级4人小组（4名女生）
环艺4人（结构造型课第2对照组）时东宁，谭新颖，刘丹华，唐金莲
题目：可可西里（藏羚羊保护）

概述：
可可西里是野生动物的天堂。野牦牛、藏羚羊、野驴、白唇鹿、棕熊......等青藏高原上特有的野生动物使这位少女更加妩媚动人。可可西里也是藏羚羊最后的栖息地。藏羚羊浑身是宝，其纤细柔软的绒纤维被称为“软黄金”，而藏羚羊绒制品“沙图什”披肩在国际上的非法贸易和非法消费，导致该物种受到疯狂屠杀，种群数量急剧下

降。1985年以后，盗猎者开始大规模屠杀藏羚羊，以满足欧美市场对于藏羚羊绒的需求。短短几年时间，藏羚羊从一百万只锐减至不足一万只。

切入点：

夏季雌性沿固定路线向北迁徙，6～7月产仔之后返回越冬地与雄羊合群，11～12月交配。

在6月初，东边的藏羚羊向西往可可西里腹地的产羔地迁徙。

每年进入7月，可可西里周边地区的数万只藏羚羊开始进入大规模迁徙期，之后在保护区腹地分娩产仔，直至带领小羚羊成群结队回迁。

7月底，在经过数百公里的跋涉后，藏羚羊出现在楚玛尔河西岸的山坡上。

重点：由于铁路施工，有数千只藏羚羊受阻，直到7月初还在铁路路基处徘徊。人类的频繁活动滞后了藏羚羊的迁徙时间。在本能的驱动下，一群藏羚羊由一只勇敢的头羊带领，在公路短暂的行车间隙中冒险踏上公路。但这种间隙短而又短，往往刚踩上公路或才过去几只，就又有车辆驶来，把列队过公路的羊群冲散。大多数羊刚踏上公路路基，就被隆隆车流驱赶，跑回山坡高处，惊恐万分地望着公路，然后再用足够的时间积聚下一次向公路冲刺的勇气。往往一群藏羚羊在经过多次冲刺后，只有少数的胆大者成功通过。最后，大部分绝望地远离了公路，又重新退回可可西里荒原深处。仍然有大量藏羚羊始终没能跨越路基，就地产羔了。

导入工作站内容：

目的：更好地保护藏羚羊，维护其迁徙秩序

途径：在短暂的藏羚羊迁徙期内，在迁徙区的公路附近，建设小型可移动工作站。

人员安排：警察1名/监控人员1名/救护人员1名

满足条件	功能
1. 密闭式外围墙	减少对藏羚羊迁徙活动的惊扰
2. 隐秘式监视器	防范盗猎分子进入迁徙区 观察藏羚羊的迁徙活动
3. 升降式红绿灯	减少工作人员和志愿者的活动半径 拦截可能对藏羚羊迁徙造成影响的车辆
4. 通 信 设 备	满足工作站与工作站，工作站与基地保护站之间的联系
5. 简易医疗设施	临时救助受伤的藏羚羊以及工作人员

评述：这一组同学用女孩子特有的细腻的观察力发现了这一工作站的展开地点。大家可能都知道可可西里，很多人也看过了电影《可可西里》，我们都会痛恨盗猎者，向往能够为保护藏羚羊出力。但是也许很少有人注意到保护藏羚羊的另一个细节——藏羚羊在每年的产仔期都必须穿越公路去目的地产仔，而就是这一简单行为被人们忽视，每年有很多藏羚羊死于车下。而义务保护者的设施又是极度简陋的。这个切入点也让我们老师非常兴奋与拍案叫好。地点处在极限环境下，环境恶劣，而意义重大，同时展开可行性与可扩展性也很大。这样明确的初期选题与切入点为后边的继续设计创造了良好的条件。

我们面对的问题

作为一个实验性的课题，我们的出发点来自于对美术学院学生特点的分析和考虑。作为一个以结构技术为主要手段的设计课题，在美术学院需要根据自身的特点进行调整。小型可移动建筑是一门二年级必修课。在我们的课题组中包括了建筑专业和环艺专业的学生。就以往的学生来看，他们不像工科学生那样对于结构系统本身产生浓厚的兴趣，他们更多的是受到精巧结构所产生的视觉美感的感染，激发出创作的灵感。所以经常被指摘为不懂结构生搬硬套。作为设计创作，并非最合理的设计就是最具有美感的和感染力的作品，这需要两者的结合。美术学院建筑专业的学生需要具备另类的建筑思维，我们的设计课题需要帮助他们走上这样一条熟悉而又陌生的路。

建筑与非建筑的质疑

在课题刚刚提出的时候，我们遇到一些质疑，认为极限环境可能幻想色彩过重。不能够体现建筑设计的纯粹性。但现代建筑的创作来源日趋复杂，很多灵感来自于非建筑的形态。美术学院的学生最大的优势在于他们的想像力丰富，他们的无拘无束的思路以及对于视觉美感的敏锐，是文艺的背景所赋予的。我们在课题设置上有意强调环境中极限的感念，以激发学生的想像力和好奇心。

建筑功能选择是小型工作站，功能简单。除工作范围的不同而需要的特殊要求以外，仅仅满足一般性的居住即可。因此，在教学参考资料方面，我们也没有刻意强调建筑设计中常规的技术指标与要求，而是突出对于特殊环境自然与人文条件背景的介绍与工业设计中机械美感的特征。此外，社会责任感与设计公益心态也是我们对于学生的开题要求。这三个方面是非建筑的内容，但是建筑之外的内容在教学中起到了关键的作用，正是这些因素引导设计成为具有感染力的作品，而不仅仅是一个作业。正是建筑之外的准备激发了学生的热情，他们在后来对我们讲，这是一次极度艰辛但很少有的投入，在这个工程中体会到了探索与发现的乐趣。

非建筑要素

a）特殊环境自然与人文条件背景的介绍

我们在这里向学生提供了一些录像与图片资料，介绍了地球上的一些极限自然环境与科学考察工作。这些资料一部分来自于美国的《探索》节目与

《国家地理》频道节目，另一部分来自中国国家地理杂志等。环境的介绍强调对于建筑功能和建筑结构的特殊要求。探险与科考的纪录片介绍了极限条件下工作与生活所面临的问题和需要。提供的资料仅仅作为思路的提示，学生们需要自己定位环境场所，设定所要从事工作的内容，从而发现自己面临的设计需求与问题。

人文背景包括了几个方面的提示。我们提供了一组城市棚户区的图片和低收入群体生活的调查，一组城市交通堵塞与人为环境污染的图片，考古发现的纪录片和资料也是这一方面补充的重要内容。此外，还为学生提供了一些极限条件下人类的生活方式与建筑形态的资料。

b）工业设计中机械美感的特征

课题的技术条件是一个尺寸为9m × 2.4m × 2.4m尺寸的集装箱，所有的设计不一定从这里出发，但最终一定需要落实在这个条件中。因而这个标准化的工业制成品就成为该设计课题无法逃避的一个核心内容。而设计最终实现需要依靠拼装以及自主搭建来完成。因为环境设想是在极限条件下，因此不可能借助大型施工机械来完成，而需要考虑将构件尽可能化整为零以方便搭建。环境与功能方面的需求决定了这个可移动的建筑不得不具备机械美感的工业化特征。而许多工业设计中对于空间和结构的巧妙方法将会提供有关功能和空间方面解决方案的灵感激发。

我们提供的案例介绍包括：

A．美国宇航局火星探测车的设计方案

B．折叠多用途旅行拖车方案

C．简单的机械常识

D．运输机械与工程设备

c）社会责任感与设计公益心态

很多学生的选题大多在环境很脆弱的无人区或著名的自然地理景观所在地。另一部分则是在著名的历史人文景观所在地、考古现场以及人口密度很大的城市中心的公共区域。因此我们希望学生的设计与研究需要具有社会责任感，通过设计体现对于社会和群体的一种关注。同时注重对于环境人文等方面负有的责任感与公益心态。工作站需要能够与周边的环境相协调，这不仅需要在外观上与环境相适应，更需要不妨碍自然环境的生态系统。这就意味着不能够在场地内破坏原有的自然环境，不能对地面进行大面积平整修改；同时在此工作期间工作站需要能够自我循环，而不过于借助自然条件。在工作结束时工作站需要能够全部转移离开现场，而不会对环境产生生态和形态方面的影响。在考古和文物的保护研究等方面的工作站需要对环境的改变减少到最小，同时应该考虑到发掘与研究可能是需要一定时间的，所以要考虑到与人文环境本身的协调关系。对于人口密度较大的城市环境，工作站应该注重的是建筑的公共关系问题，如何减少对于城市环境与生活的影响。

小结

以上这些问题既是建筑设计本身之外的考量，同时也是建筑设计的外延。通过对于它们的研究为建筑的方案设计提供了具体化的方向。在此基础上，我们得到了学生们的中期报告，虽然还不是一般意义上的建筑设计方案，但是其中提出的对于环境、人文、建筑等诸多问题的思考，已经能够勾勒出未来方案的轮廓了。其中蕴含的思路的单纯性和原创性是特别打动参与课题讨论者的。

第四章　中期报告

在开题报告之后的一周，我们要求各组提供中期调研报告。中期报告作为阶段性汇报，是课题展开的重要阶段。

一、中期报告要求

我们要求学生在中期报告中体现出与前期报告不同的研究内容。

1．在中期报告中，需要提供对于建筑场所的详细调查报告。课题要求建筑必须能够实现两种以上的搭建形态。我们要求学生在不同的地形条件下完成不同形态的建筑搭建，在中期报告中需要对场地进行具体化，对场地的空间形态、地理和气候进行分析。

2．对于工作站的人员组成和设备进行调查报告。该报告需要包括人员的数量、分工、任务以及所需设备的功能和尺寸。对于设备的清单、体积和尺寸的调研很重要，在此基础上才能够确定建筑材料能够装载的体积，以确定建筑体量和结构形式。

3．对于工作站的功能进行分析，并确定建筑展开的模式。我们要求学生在中期报告中提供建筑展开后的功能布置方案，以及展开过程的模式分析。

4．中期报告为期一周，以Powerpoint文件演示形式汇报。

二、中期报告范例及点评

各组的中期报告提出了明确的设计方向，我们可以从不同的中期报告中明确地看到。下面我们就选取四组中期报告来作为例子进行分析。

A．罪案现场分析

CSI Mobile Workstation 方案深入
Design of CSI (Crime Scene Investigation)
Mobile Workstation

赵丹丹 马珂 李政
Design by Z.M.L 2004.4.4

- 确定工作顺序
- 确定工作项目

⇩

● 分析功能分区

● 分析通道布局

● 研究组合方式

● 基本方案构思

● 设计组合结构

● 确定最终形式 …

● 论证形式功能的对应 …

● 探讨实际应用情况 …

● 工作顺序

CSI (Crime Scene Investigation) Mobile Workstation
犯罪现场调查小型可移动式工作站
通常有如下基本工作顺序

1. 接到报案
2. 到达现场
3. 隔离/警戒/保护现场
4. 收集证据
5. 案发现场后期处理
6. 证物分类/保存
7. 证物检验/提取证据
8. 其他方式获得证据
9. 提交证据

● 工作项目

CSI (Crime Scene Investigation) Mobile Workstation
犯罪现场调查小型可移动式工作站
通常有如下工作项目

	项目名称	提取/工作地点	重要程度
01	指纹提取	现场/工作站	5
02	DNA 检验	工作站/实验室	5
03	物品成份分析	工作站/实验室	5
04	尸体检验	工作站	5
05	证物分类/保存	工作站	5
06	声音/视频监视系统	工作站	4

续表

	项目名称	提取 / 工作地点	重要程度
07	通信保障	工作站	3
08	武器 / 弹道检验	工作站 / 实验室	2
09	纤维检验	工作站 / 实验室	2
10	车辆检验 / 其他试验	现场 / 工作站 / 实验室	2

表格中所列的工作项目有时可能需要外部的协助来完成工作。另外有一部分项目所使用的仪器设备或工作场所是相重叠的，这样的功能部门一部分可以进行合并。

● 功能分区

按照工作项目的分类和重要程度，对一些功能部门进行了合并。工作站的功能分区主要分为以下部分

工作区 1: 指纹提取　　物品成份分析　　纤维检验
工作区 2: 尸体检验　　DNA 检验
工作区 3: 证物分类 / 保存　　现场指挥
工作区 4: 声音 / 视频监视系统　　通信保障
工作区 5: 车辆检验 / 其他试验　　武器 / 弹道检验　　其他功能
动力设备区
个人物品存放区
居住 / 休息区
折叠部分

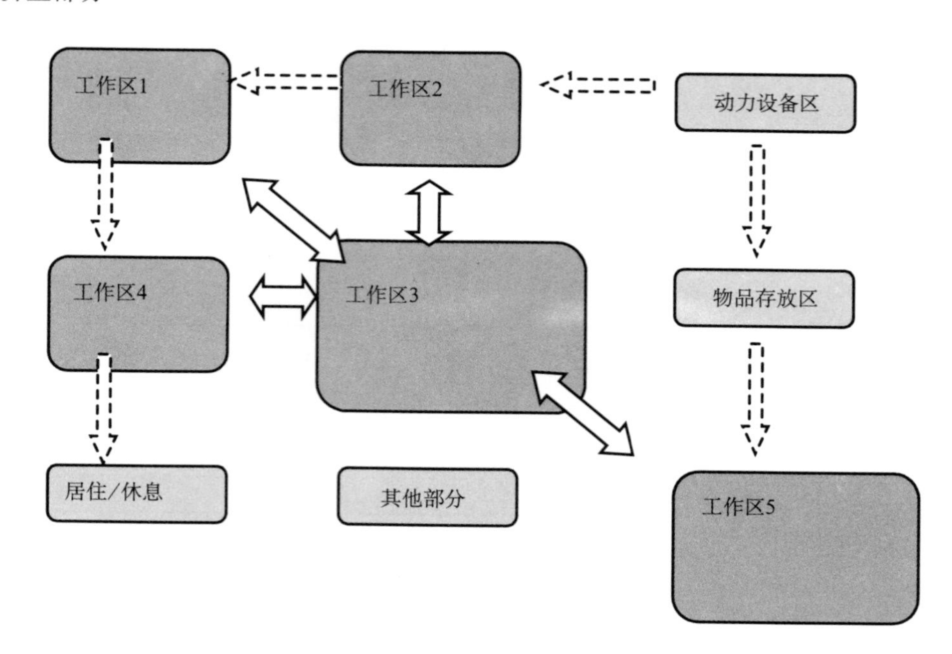

工作区3（证物分类/保存　现场指挥）为首要功能分区。
工作区1、2、4为基本常备工作区，围绕工作区3进行设计。
工作区5为扩展工作区，区内的功能应灵活可变，适应不同种类的案件要求。工作区5的空间主要来自工作区1、2、3、4组合后所形成的空间。

● 通道布局

CSI (Crime Scene Investigation) Mobile Workstation
犯罪现场调查小型可移动式工作站
交通布局主要围绕首要功能分区工作区3（证物分类/保存　现场指挥）进行。这样可以方便工作区1、2、4使用和存储证据。
工作区3在案发现场可以担当指挥中心的角色，这样的交通布局概念也比较方便指挥工作。
通道需考虑的主要是宽度和高度问题，比如要考虑担架的通过问题。

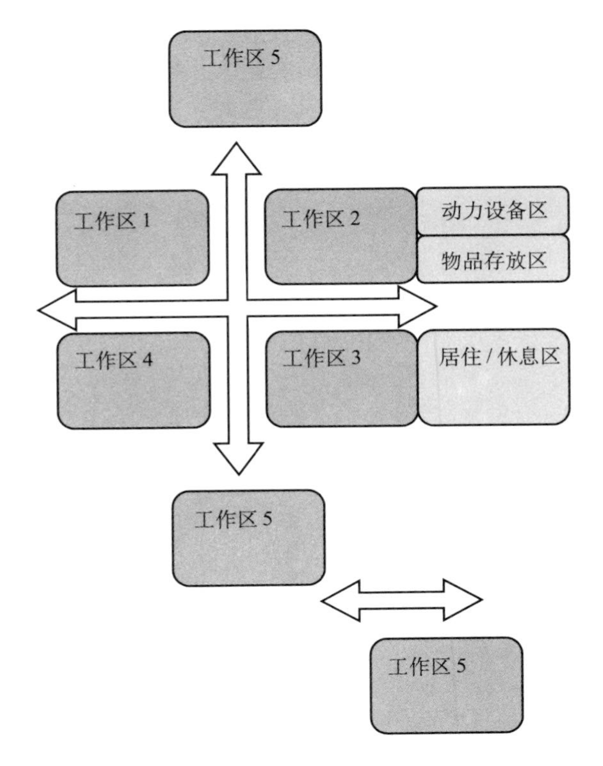

交通布局可采用平面方式也可以采用空间方式，应以符合功能为第一位。构成方式应以简洁为主。
扩展的工作区5有时可能因为功能需要而产生几个，它们之间也有交通布局问题。另外有些扩展功能区如车房需要较大的入口。通风管、水电管线等也会出现在交通线路中。

● 基本方案构思

CSI (Crime Scene Investigation) Mobile Workstation
犯罪现场调查小型可移动式工作站
如下基本设计理念：

✓ 面向未来

工作站从选题到设计构思，整个过程中我们的灵感来自于遥不可知的未来。而最终，我们的工作站也必将是应用于未来的。所以我们的设计第一理念就是面向未来。
随着科技的发展，未来的犯罪将会更加复杂。罪犯所使用的手段也会千奇百怪。
面向未来还体现在我们的设计最终形态上，未来的风格将会影响整个设计的面貌。另一方面是新材料，新技术的运用。

✓ 功能模块

将各种功能集成为各个独立的功能模块，同时各模块之间又有相互作用关系。采用功能模块化设计有利于空间的利用和自由组合形态的设计。
下图是一张模块概念示意图，说明将工作站的整体分解成几个独立的功能模块，这些独立的功能模块可以组合变化，它们组合之后形成了新的扩展功能模块。

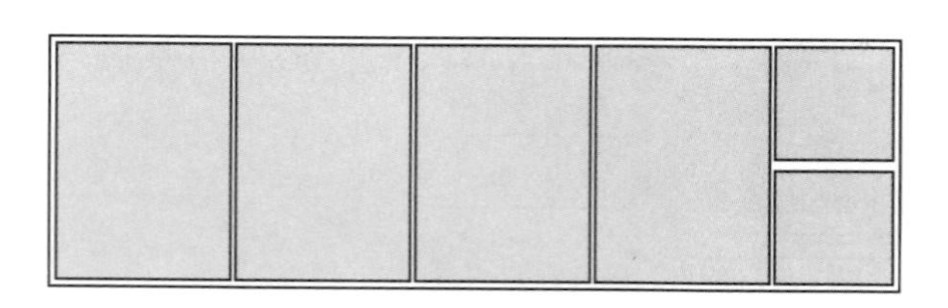

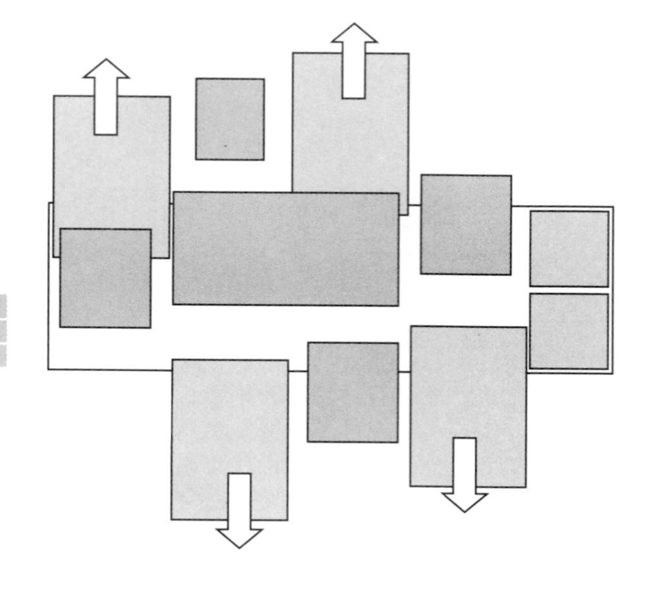

基本功能模块

扩展功能模块

✓ 专业精神

犯罪现场调查小型可移动式工作站是一种为专业人员提供的专业工作空间，所以在设计上必须体现这种专业的精神。

犯罪现场的工作是严肃的，是体现打击犯罪坚强决心的。这一点在设计上应当得到体现。

这种专业精神还体现在功能的划分和空间的使用上，只有十分合理地将功能与空间结合才能最大限度地发挥工作站的作用。

✓ 多样化

多样化指的是两方面的问题，一是功能上，小型可移动式工作站的设计应满足尽量多的要求，而且这些功能在最后的使用上不发生问题。所有功能中重叠的部分或使用率最高的部分能够高效率工作。

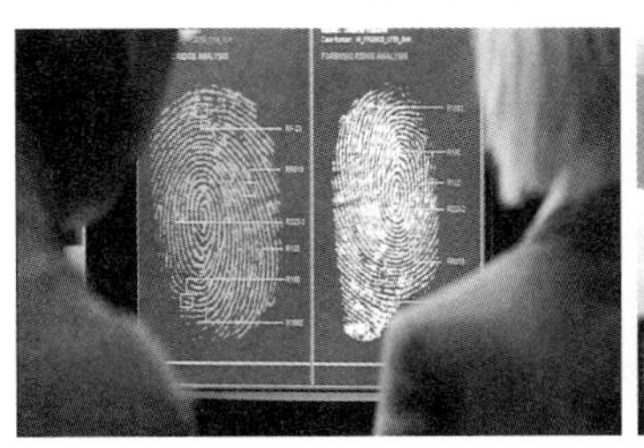

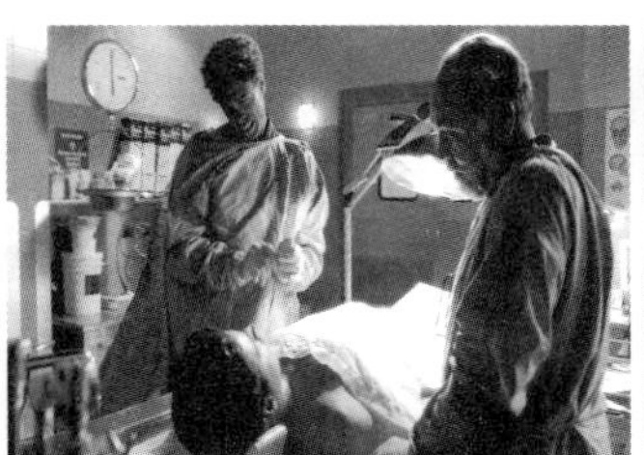

二是形式上，这种形式包含内部空间、外部空间、组合方式、整体形态等。
在设计上应尽可能多地考虑应有的形式问题，设计更多的组合及变换方式。犯罪现场调查小型可移动式工作站毕竟是一种面向未来的设计，它应该带有更多的科技特征。

组合概念一　移动伸缩式结构

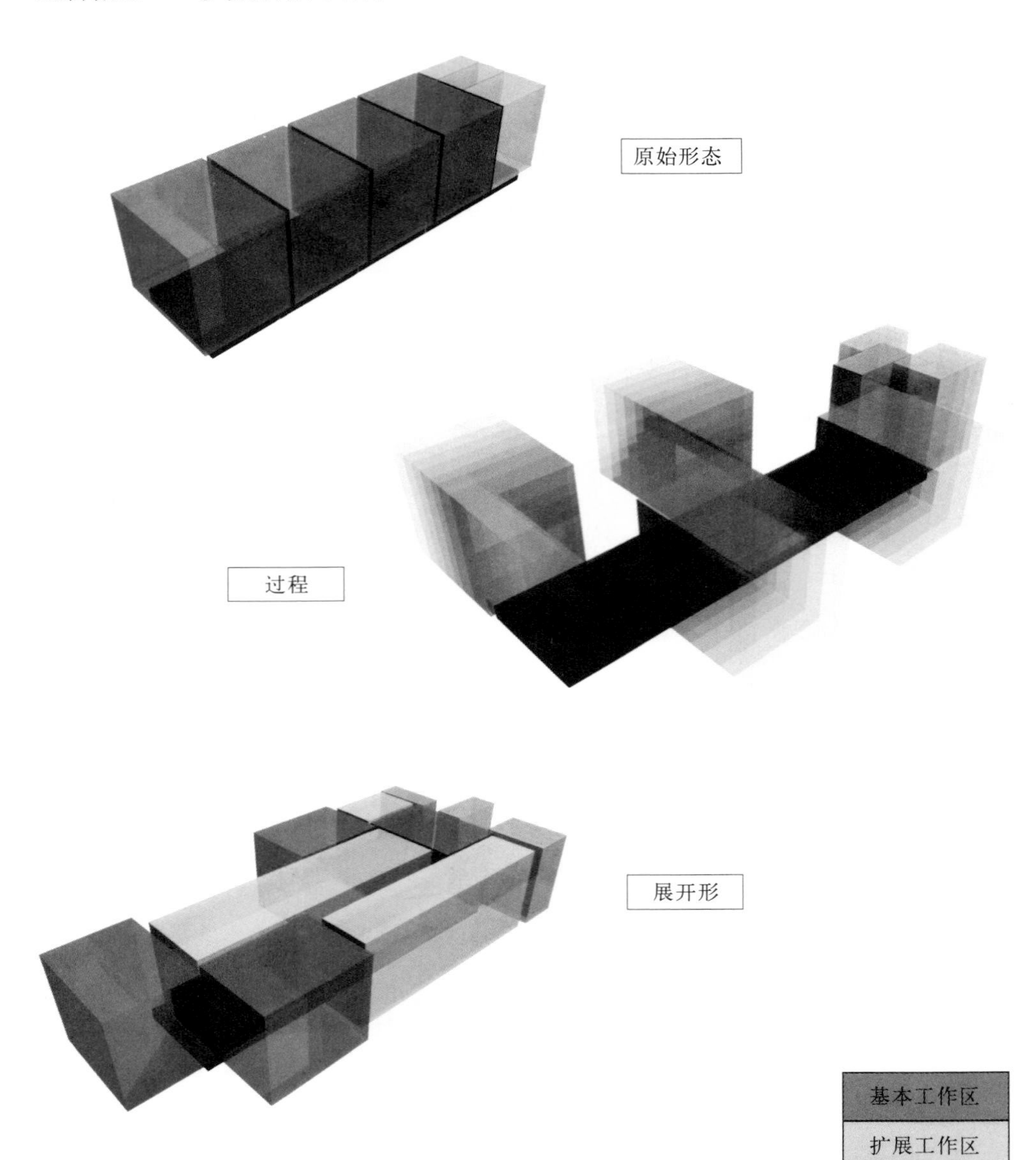

组合概念二　移动旋转式结构

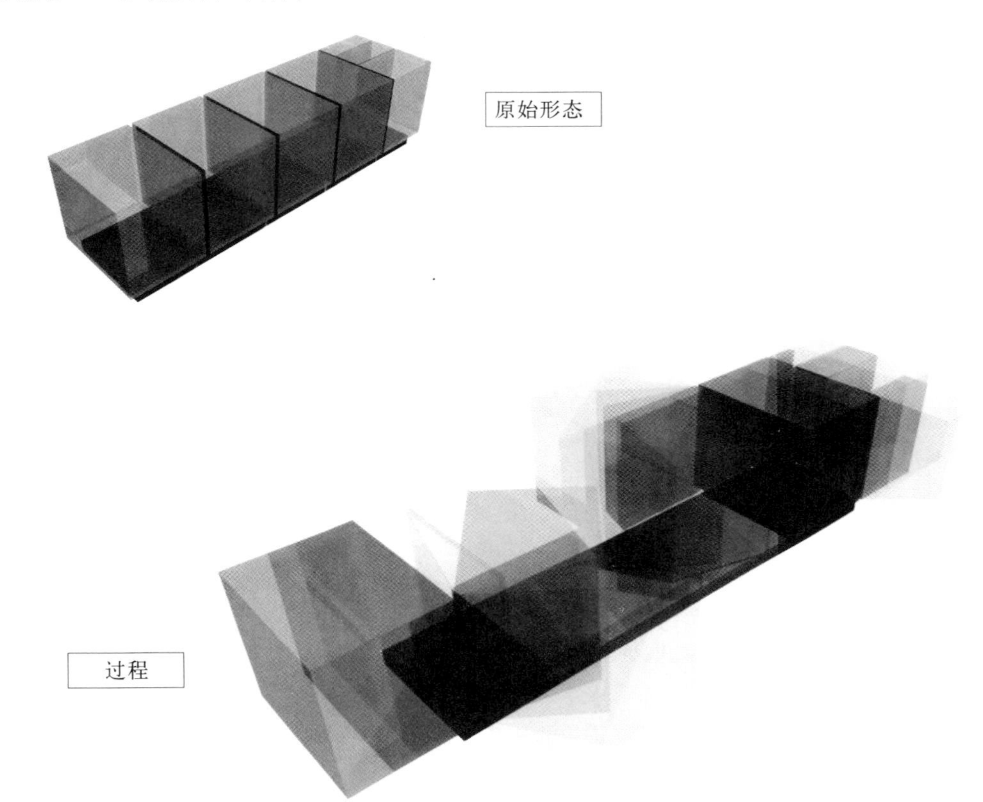

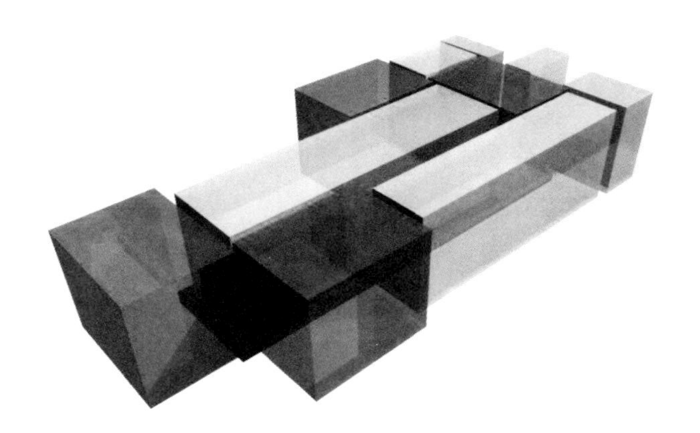

展开形

基本工作区

扩展工作区

其他／服务区

评述：这是一个来自于电视剧剧情启发的课题。该组学生将场地定位于美国内华达州的拉斯韦加斯。主要功能是在城市中心以及市郊的刑事犯罪现场进行证据收集与调查。学生们通过对于刑事犯罪证据取证工作的认真调研，归纳出刑事侦查工作站的主要功能，内容翔实深入。令人印象深刻的是学生们的想像力，他们设想了各种各样的犯罪现场条件，并较充分地利用了有限的技术资料。作为中期报告，他们对于工作站的工作项目和设备的调查十分详尽，不仅包括了工作设备和条件的需求，而且还包括了工作站的生活维持系统。最重要的是他们提出了有关工作站移动组合方式的空间模式分析，对于建筑设计是非常有帮助的。他们对于集装箱建筑的空间变化方式强调的是注重建筑形态的整体性和自主运动的便利性，这正是罪案现场环境的特殊要求。我们能够从他们的中期报告中看到资料收集对于空间组织和建筑形态选择的帮助。

该组学生的中期报告的特点表现在对于工作内容的和作业流程的详细调查，充分利用了各种能够获得咨询的渠道，并在中期报告中体现出投入角色的热情和对于情节的想像力。这些最终对他们的作品产生了至关重要的影响，成为作品中最具感染力的部分。

B. 大石围填坑科学考察

大石围填坑的科学考察是一个与自然环境要求密切相关的设计课题，由于环境条件的特殊性，要求工作站必须具备特殊的环境适应能力。不仅要求能够在谷底地基松软的石灰岩碎石表面建立稳定的地面工作站，而且需要在天坑岩壁上建立工作站以便能够考察不同海拔高度的岩层构造。由于天坑的特殊地形，无法使用大型运输设备，因而需要充分考虑到建筑构件的轻便以及易搭建性。所以对于基地自然地理条件的分析是至关重要的，将会深刻影响到建筑设计的方向。该组同学对于运载工具和施工机械的调研对于设计的帮助是明显的，这方面的研究对于最终的建筑形态产生了明显的影响。这是与其他选题不同的。该组同学不得不对于建筑的场地和环境作出详尽的调查并想像可能会遇到的环境问题。

该组学生的中期报告最突出的特点在于对建筑场地和特殊工作方式的深入调研。他们不仅收集了有关环境的数据和图片，而且使用电脑建立了一个三维的立体空间模型用来分析。从建筑与环境的角度出发，使该组学生的作品具有很好的环境适应性和引人注目的视觉形态特征。这样的建筑空间形态处理不是来自于臆想或建筑片断的抄袭，而是建立在环境和功能需求的基础上。这正是我们对于中期报告的期望。

C. 热带雨林科考工作站

自然环境的限制分析：

雨林特殊自然带来的限制

生物：
- 有五层植物空间
- 大多数树木是常绿的，而且大多很粗，直径10英尺(3m)，枝叶茂盛。
- 树干通常很细，绿色的，很光滑，一般没有裂纹。
- 有大量的蔓生植物和气生植物。
- 在下层植物中鲜有草本植物、禾本植物以及灌木。
- 在生长良好的热带雨林，植物的树叶通常极度相似。
- 蚊虫、水蛭、蛇类都会带来伤害。

潮湿：
- 年降雨量很高，可达100英寸(2540mm）或更高，并且一年内降雨时间分布均匀。
- 雾气很重，清晨雨林中空气相对湿度常常达到100%。
- 潮湿使土地松软，无法承担过多重量。

娇贵的自然环境：考察必须严格保护原有自然环境不被破坏，因此：
- 发动机发电机以及一切噪声都要被限制在一定范围内。
- 废弃物、排放气体都要严格限制。

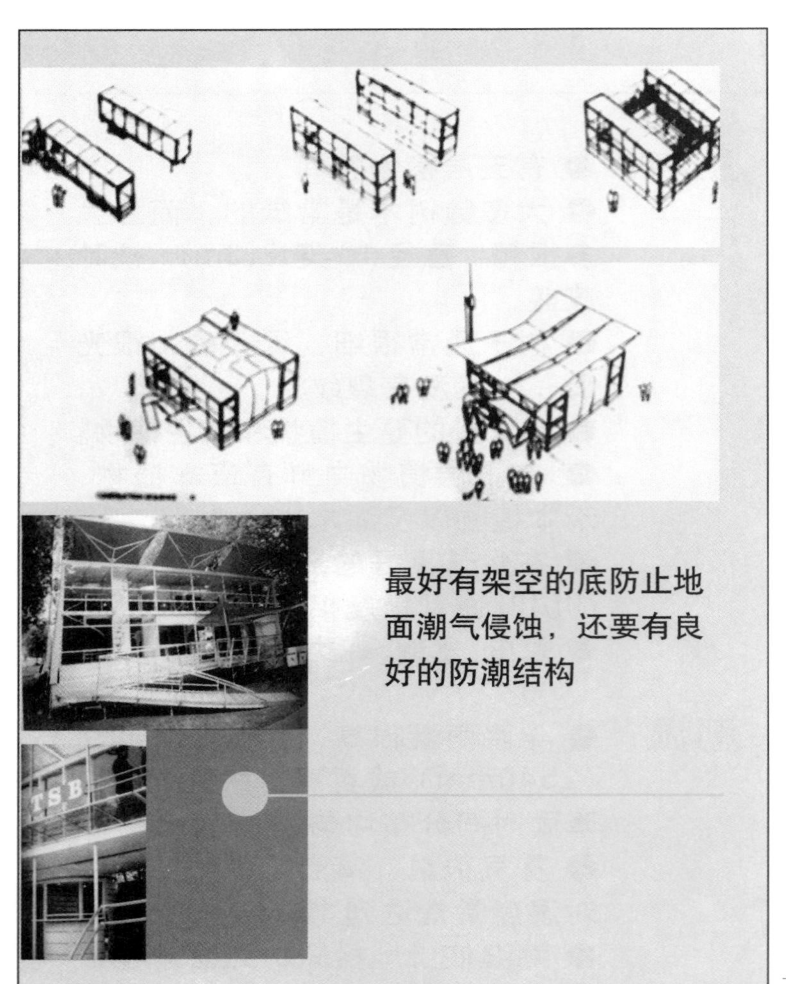

工作站建筑形式的考虑

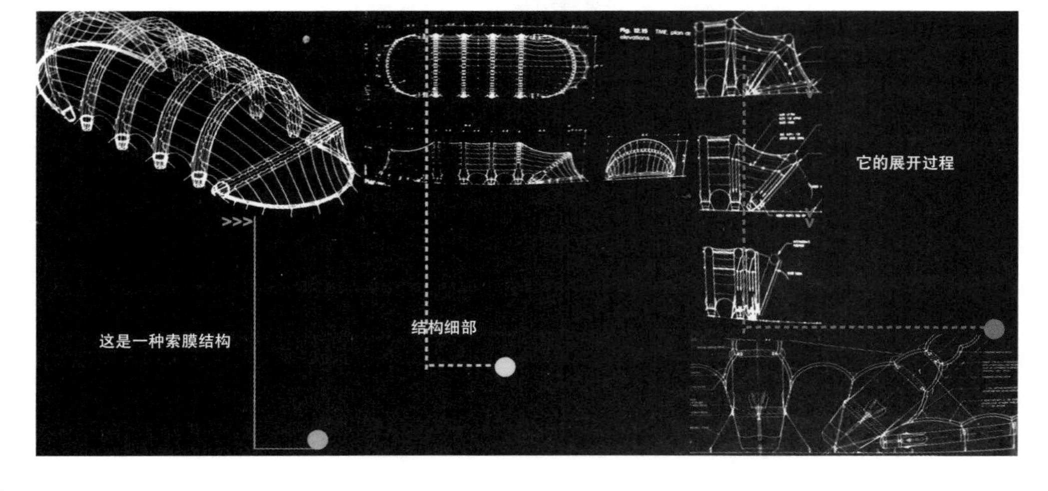

设想的工作站张开形式：

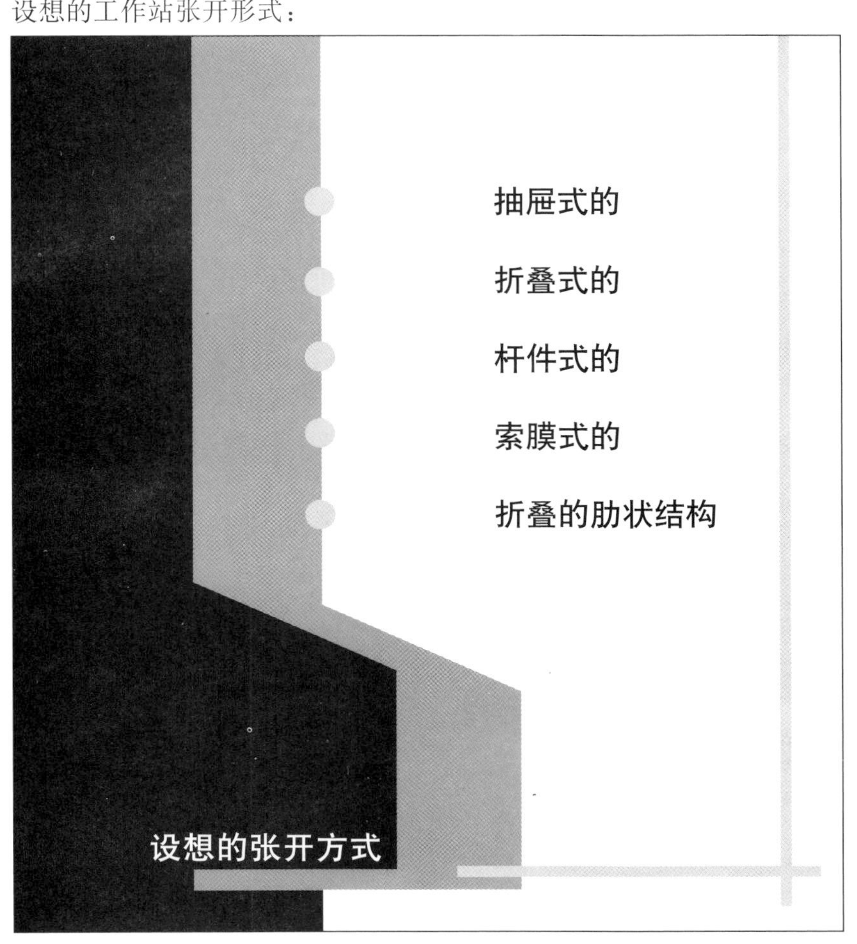

小型可移动建筑

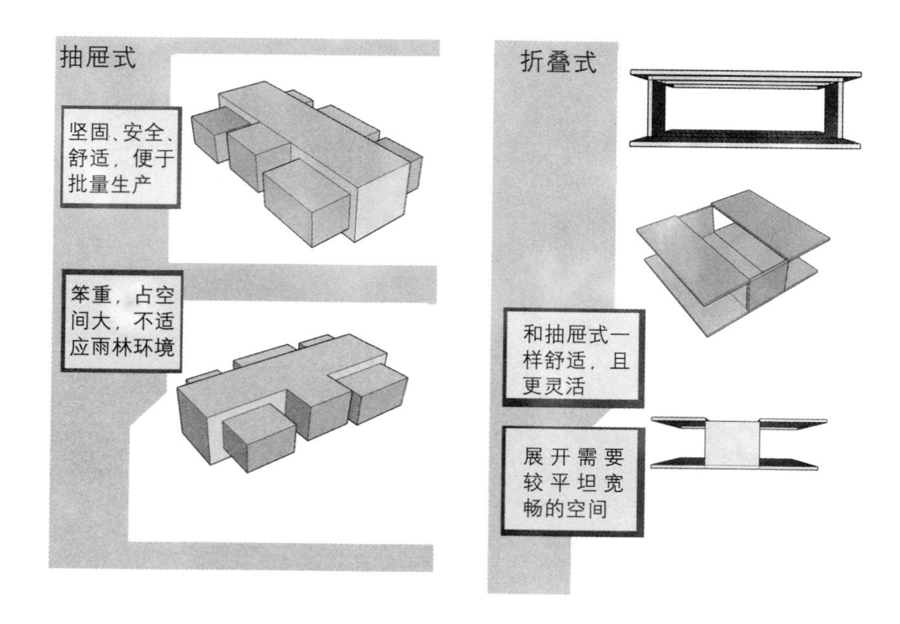
抽屉式
坚固、安全、舒适，便于批量生产
笨重，占空间大，不适应雨林环境
折叠式
和抽屉式一样舒适，且更灵活
展开需要较平坦宽畅的空间

索膜式
自重小，形式灵活，可自由组装，便于运输
相对的，保护能力差，容易损坏

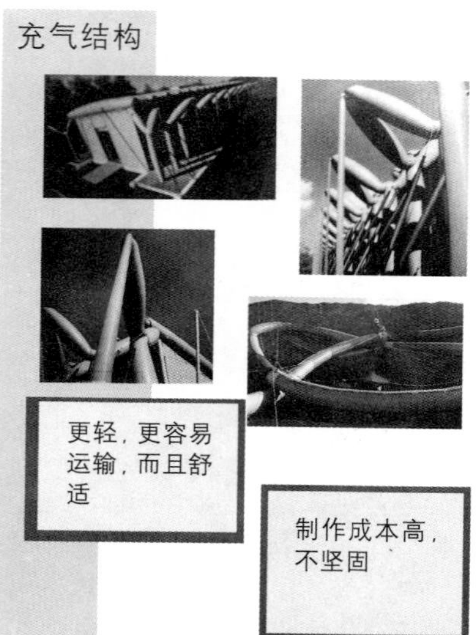
充气结构
更轻，更容易运输，而且舒适
制作成本高，不坚固

桁架，折叠框架

很适合移动，有很多现成节点可供参考

巨大，不易搬运

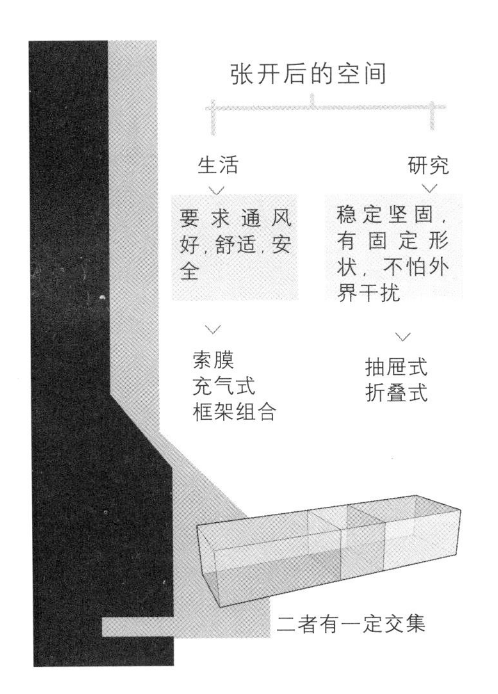

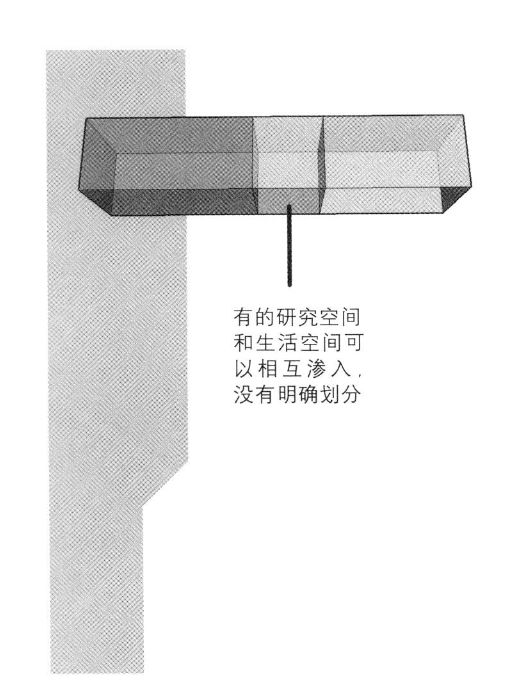

展开后的空间分布设想：

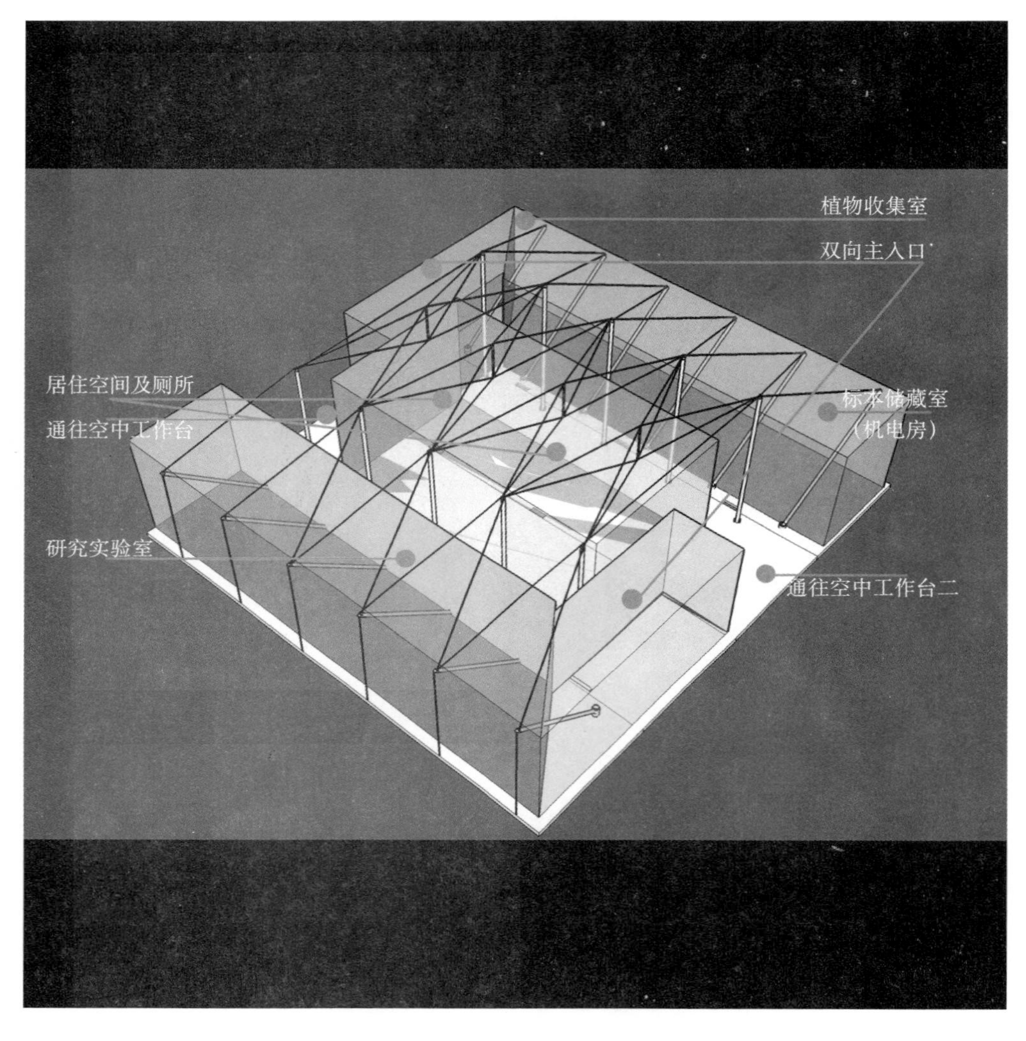

评述：热带雨林的科考工作站并不是一个题材新奇的设计选题。这组学生在收集相关的地质、气候与环境资料的同时，将目光重点放在了雨林环境的地形特征、考察内容以及工作站的建造结构方面。他们通过调查发现雨林地区的地形相对平坦，但是乔木高大茂密，光线较暗且道路通过性差，所以建筑构件需要小型化、轻量化。另一方面雨林考察需要通风良好和防蚊虫猛兽，再者雨林研究的范围包括地面、树干中间以及树冠之上的区域，这样才能够比较便捷地开展工作。该组学生还对现有的雨林和野外考察站进行了资料收集，并对其进行了有针对性的模式分析。这是该组中期报告最有特点的方面，这样的模式分析对于深入研究环境和建筑的密切关系具有非常直接的帮助，同时还能够了解到有关的建筑结构应用技巧。对于中期报告来说，最重要的在于聚焦面对的具体问题，发现设计的切入点。从热带雨林科考工作站的报告中，我们可以看到他们对于建筑可移动性和建筑结构的可能性的浓厚兴趣。

D．可可西里藏羚羊保护工作站

这是一个十分吸引人的题目，同时又带有很强的社会责任感和人文关怀精神。在前期开题报告的时候，有两组同学同时选择了可可西里藏羚羊保护的题目，他们的启发是来自于那部同名的电影《可可西里》。在前期报告中，这两组学生共享了前期资料，对于地理、气候以及藏羚羊的物种特点进行了研究。在中期报告中，两组同学体现出不同的研究方向。

第一组将工作站的功能定位于藏羚羊的迁徙保护。藏羚羊的生态习性决定了每年将会两次穿越青藏公路前往繁殖地繁衍幼羊。但是繁忙的青藏公路大大影响了藏羚羊的迁移。所以这组学生将工作站的功能确定为为藏羚羊的繁殖迁徙提供交通疏导保障。这不是一个功能复杂的工作站，但是不同的交通组织方案将会影响到工作站的建筑方式。由于藏羚羊迁徙位置并不固定，因此需要强调建筑本身的移动性。该组学生的中期报告重点调查了现有的关于藏羚羊保护的方法，体现出强烈的社会责任感和人文精神，颇为感人。

另一组学生的研究方向与第一组的野生动物保护不同，他们聚焦于对盗猎不法分子的抓捕工作。这是个很有戏剧性的题材，对于建筑的要求也是非常特殊的，应该说是一个在极限地域的具有极限功能的极限建筑。他们重点调查了抓捕盗猎者所需要面对的困难，以及羁押人犯和罚没存储赃物的功能需求。他们对于功能的设置和面对问题的解决方案很有幽默感。从中期报告来看，他们定位于流动执法站和临时拘留所，可移动性与功能的结合非常重要。

这两组中期报告在共用基础资料的同时具有不同切入点，中期报告展示给我们不同的发展方向。

第一组中期报告：
基础资料分析：

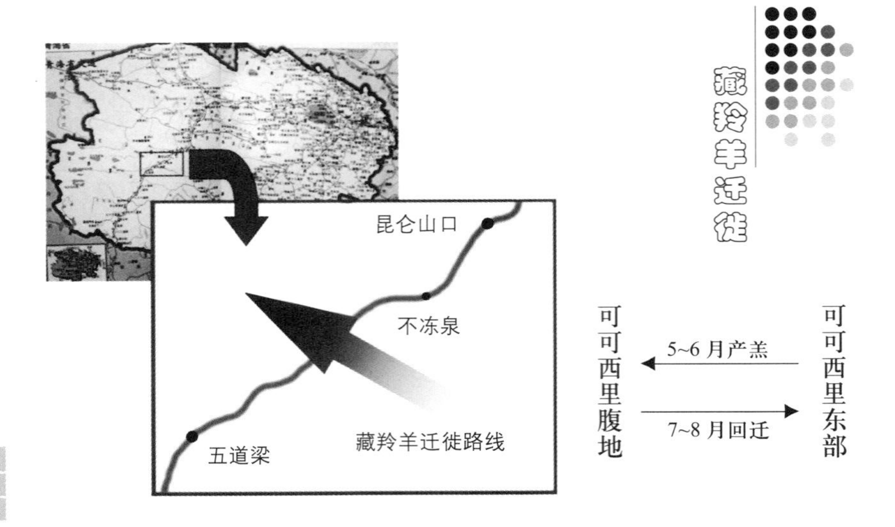

青藏公路
青海西藏必经之路←——昆仑山口——五道梁——→切断迁徙通道
青藏铁路

监控：防范盗猎分子进入迁徙区观察藏羚羊的迁徙活动

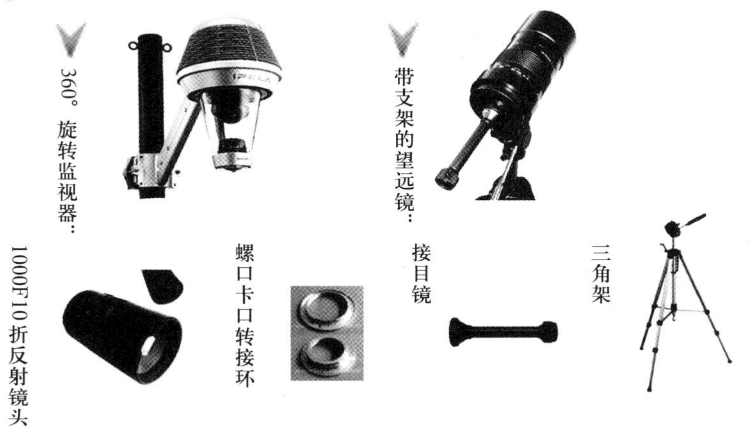

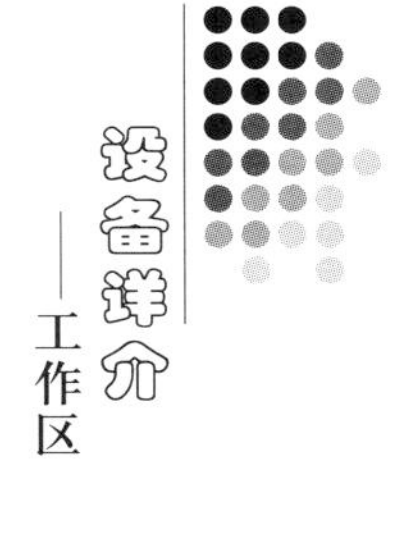

医疗：创伤型急救箱

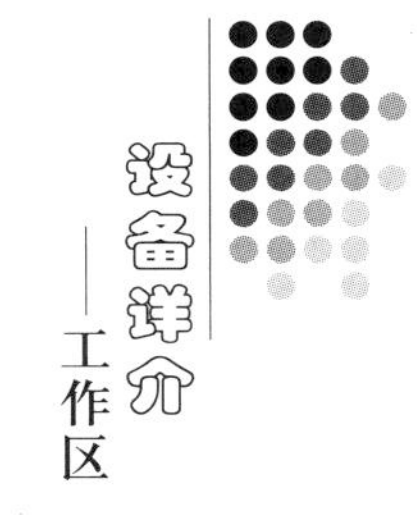

紧急救护受伤藏羚羊和工作人员

序号	名称	规格	数量	单位
1	急救箱	42.5cm × 32.5cm × 14.5cm	1	个
2	软性固定夹板		1	卷
3	敷料镊		1	个
4	敷料剪		1	套
5	三角巾急救包		1	个
6	绷带卷		1	套
7	卫生弹力绷带		1	条
8	胶布		1	卷
9	酒精、碘酒瓶		2	个
10	一次性注射器	2ml-2 支，5ml-2 支，10ml-1 支	5	支
11	弯盘		1	个
12	导尿管		2	根
13	听诊器		1	个
14	金属压舌板		1	个
15	小手电筒		1	个
16	血压计		1	个
17	体温计		1	个
18	棉签		2	包
19	外伤缝合包		1	个

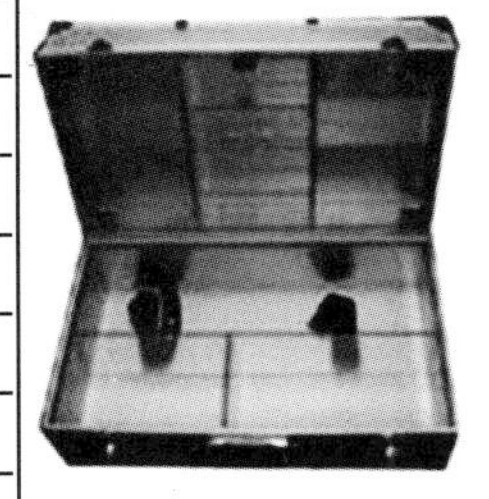

太阳能电池板
（太阳辐射强）
满足所需电能

密闭式外围墙
（气温低，保温）
减少对藏羚羊迁徙活动的惊扰

可抬升式支架
（地面不平，冻土）
令工作站稳定，保温，利于监控

➤ 太阳能电池板：

满足所需电能
电池板组成单元的板身小巧适度，
遇上意外损坏更换容易及更换价格特廉
大大减低保养成本。

➤ 规格：

太阳能电池板：非晶体式，阴天也可收集太阳能
最大功率输出：15W(maximum)
输出电压：13V～18V
尺寸：板身31.2cm × 92.2cm
有效面积：29.0cm × 90.0cm
重量：4kg
边框：铝质
有效操作温度：－40～90℃
承受冰雹侵袭：可承受25mm直径冰雹，以时速83km（23m/s）速度撞击板面
承受风力：可承受时速180km（50m/s）强风正面吹袭

第二组中期报告：

基础资料分析：

身高：167cm

體重：62kg

犯罪身份：槍手

短小機靈，開鎖高手

身高：180cm

體重：73kg

犯罪身份：剥皮工

為人沮喪，被捕，

曾有輕生迹象

工作站展开形式以时间为维度的设想：

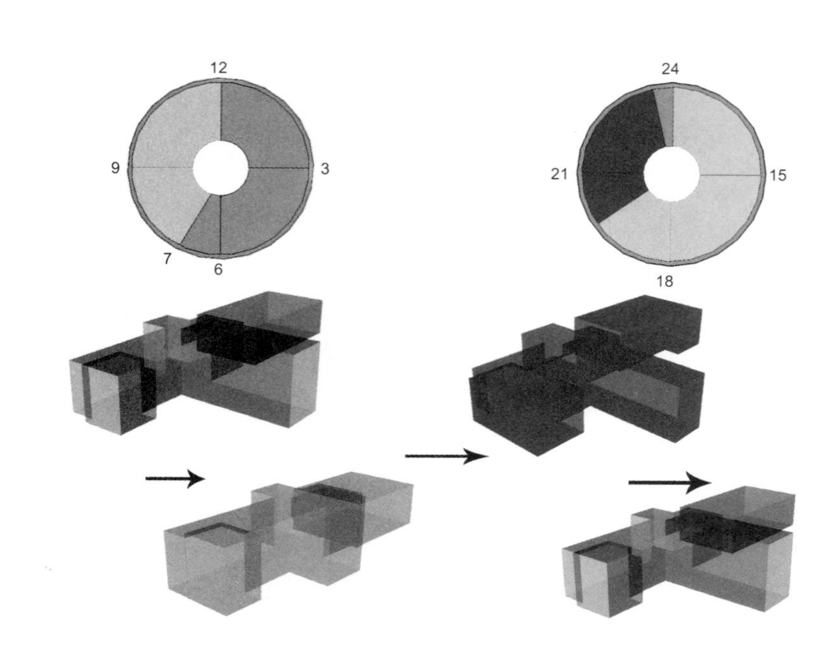

DIAGRAM 折叠体系

我们确定了一系列的折叠类型，使之成为设计发展所要遵循的规范，不同折叠角度的组合关系为装置的行为提供了不同的预先设定。

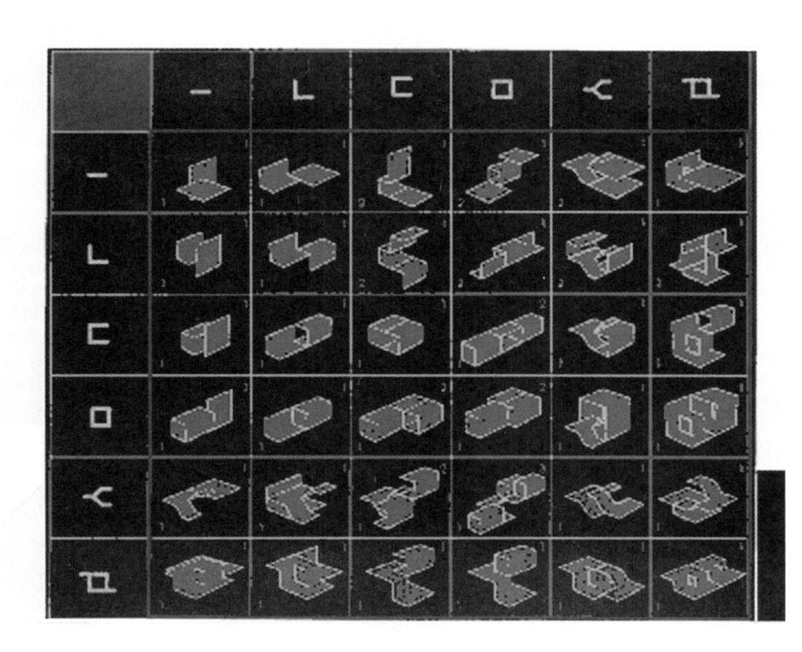

DIAGRAM 折叠系统

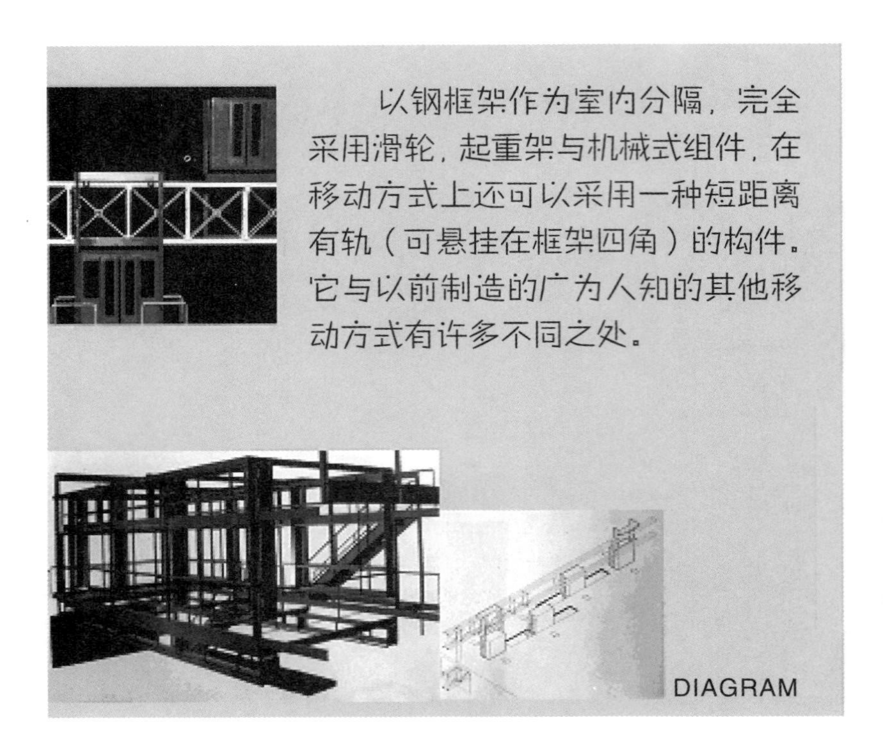

小结

中期报告对于建筑方案设计是非常重要的，这是一个方案设计之前的系统的材料与思维的疏理过程。通过教学实践我们发现它已经成为课题设计不可或缺的组成部分了。

第五章　建筑设计的引入

中期报告为我们勾画出了未来建筑方案的雏形，但是真正的建筑设计工作直到现在才真正成为学生们直接面对的主要课题。至此建筑设计的内容就全部引入了，诸如选址与功能布局的问题、空间组合的问题、建筑造型的问题以及结构的问题等等。

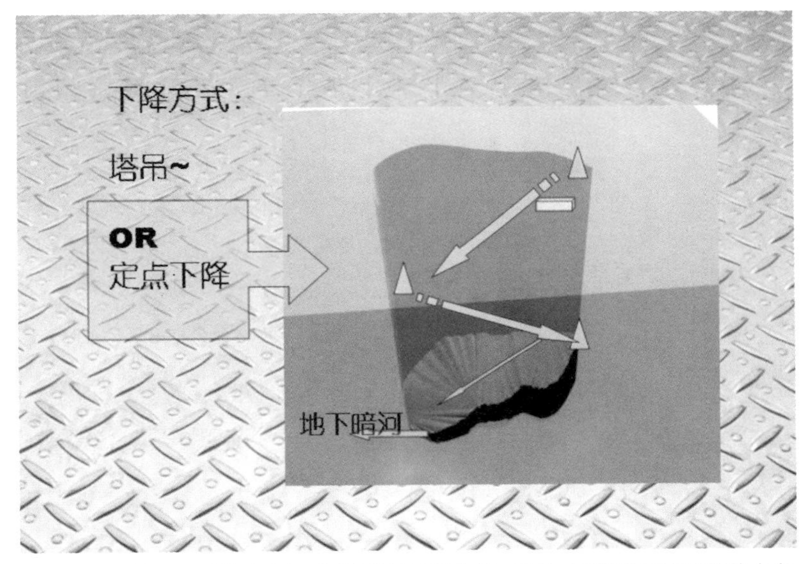

左图：这是姚元元同学对于大石围填坑的地形分析，通过三维模型较直观地体会空间环境并进行选址。

选址与功能布局

首先需要解决的是选址与功能布局的问题。环境的极限条件给建筑带来很大的困难，在选址方面既要保证建筑的安全性，同时又要方便工作站开展工作。不同的工作要求决定了建筑选址方面的差异，这种差异不是来自于主观的臆想，而是来自于工作方式的要求，来自于对课题的深入调查与研究。

功能布局相对比较简单，主要是工作与居住，有的需要具有储藏和养殖的功能，只是要求结构布局紧凑。

空间组合

空间组合的问题是课题的难点，这需要在功能摆布的基础上进行空间组合与移动的模式分析，以实验组合的可能性和不同的变化。课题要求工作站建筑能够自主打开或借助简单工具或站内成员的人力进行简单的搭建，这就需要在方案阶段将空间组合

上两图：这是一个奴隶贸易与航海纪念的博物馆，包括奴隶贸易博物馆、航海纪念博物馆、临时展厅、图书馆和办公等功能。该建筑以集装箱货轮的形态为概念，具有三度的空间组合形态，给人以独特的空间体验和视觉感受。在这里集装箱作为一个类似砖块一样的建筑构件。（图片选自《LOT/EK URBAN SCAN》）

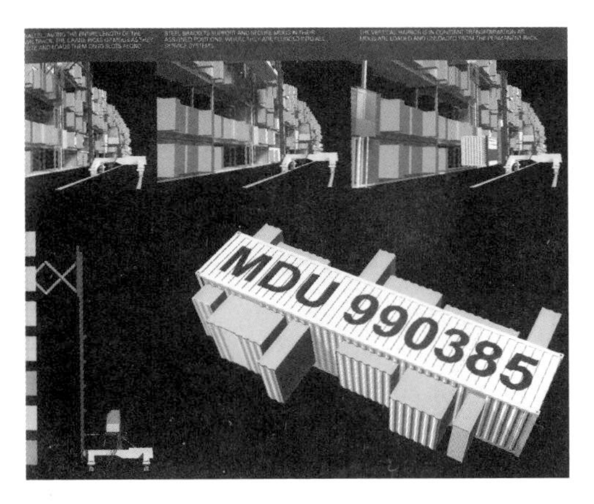

上两图：这是一个关于集装箱居住建筑单体和组团的概念设计。一方面作为居住单体，它可以通过对于集装箱的空间模式的变形组合实现居住的功能；另一方面它还可以通过集装箱货运码头的垂直于纵向组合模式来实现居住组团的组合，形成码头社区。（图片选自《LOT/EK URBAN SCAN》）

上图(左)：郭立明同学的方案在空间造型方面十分独特，结构合理。
上图(右)：姚元元同学大石围填坑科学考察站的空间造型，精巧而且考虑到面临的环境为题。
下图：沈正轲同学极地工作站的空间形态精巧，具有独特的思维起点同时完成度较高。

形式与结构形式一体来考虑。因此，在方案设计阶段中，我们要求学生提供对于从集装箱静止状态到最后组合完成的空间形态的可行性的方案。这是不同于以往静态建筑的设计的。有的方案具有实现多种组合的可能性，并能够通过简单的机械运动自主完成。

建筑造型

建筑造型一直是建筑设计最重要的美学内容，由于极限环境的特殊性以及集装箱建筑的特点，决定了小型可移动工作站的建筑形态与以往的建筑形态具有很大的视觉差异。我们从许多设计方案中可以看到学生对于机械式的工业技术美学产生了强烈的兴趣，同时借鉴了仿生学的原理来辅助设计。

造型的视觉表达来自于对功能需求的直接考虑。不同的环境条件和工作需要提出了不同的需求。对于泥石流进行考察的工作站，需要考虑的是在泥石流松软不平的基地上如何才能够平稳地建立工作站，另外什么样的造型能够在泥石流突然发生的时候减小危险性，做到相对比较安全。又如对于大石围天坑考察站的设计则需要充分考虑通风的要求，以及如何能够既保证采光又可以保证工作站有足够的强度抵御外力的撞击。

诸如太阳能电池板、防撞护栏、液压杆件、卷扬机以及冲压钢板等机械产品，成为了建筑作品中很重要的造型元素。

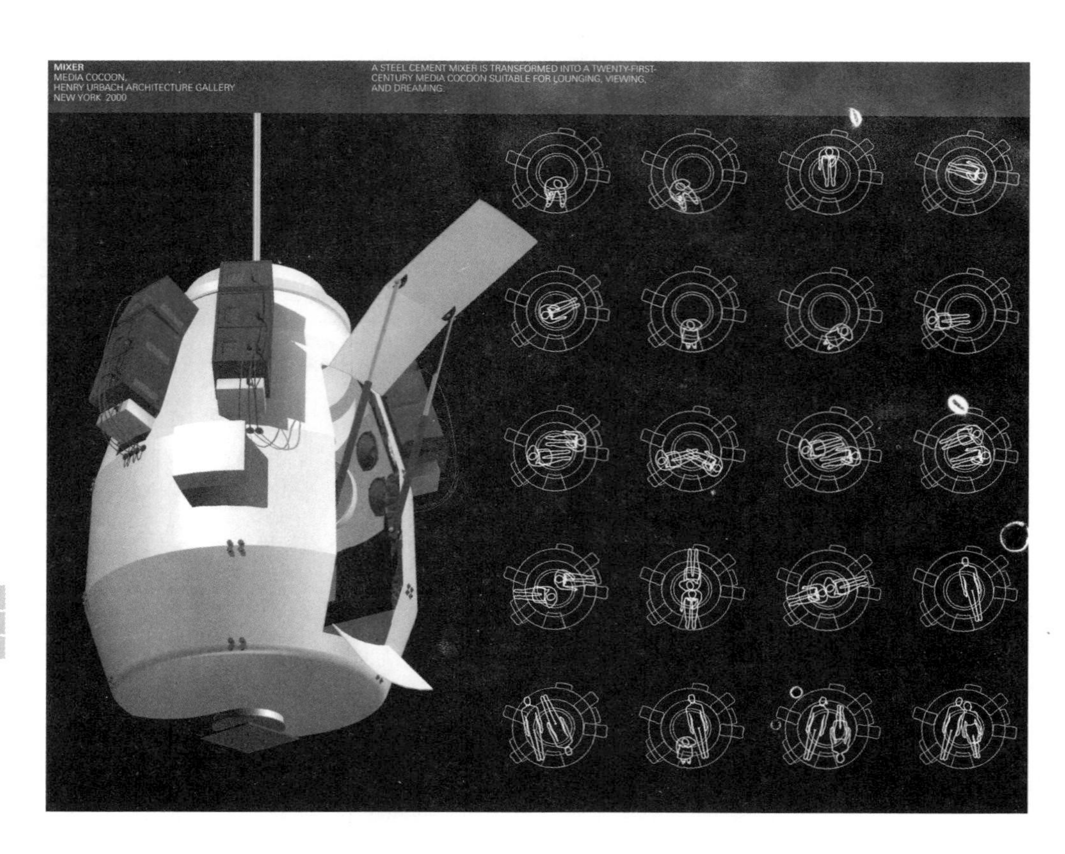

上两图：这是一个利用混凝土搅拌罐改装而成的21世纪多媒体音像视听室。该设计很巧妙地利用了工业制成品的形态，通过设计强化了小型建筑的形态特征，具有很强的科幻色彩和视觉冲击力。该案例对于同样是利用工业制成品集装箱的小型可移动建筑具有很直接的帮助。(图片选自《LOT/EK URBAN SCAN》)

62 THE CONTAINER IS CONCEIVED AS A MODULAR UNIT THAT CAN PROVIDE COMPLETE ISOLATION OR BE COMBINED TO ALLOW TEAMWORK. ITS TOP / FRONT PORTION OPENS UP TO CONNECT TO MORE INSPIRO-TAINERS AND TO CREATE A MEETING ROOM

INSIDE, THE CONTAINER IS FITTED WITH A MOVABLE SEAT AND DESK THAT ALLOW THE USER'S BODY TO GO FROM A RECLINING TO AN UPRIGHT POSITION

BOTH SEAT AND TOP ARE OPERATED BY HYDRAULIC PISTONS CONNECTED TO TWO SEPARATE PUMPS INSTALLED ON THE BACK OF THE CONTAINER*

上三图：这是一个个人可移动工作室的设计，利用航空用的货运集装箱来进行改建，使之具备建筑空间、功能和形态方面的多种实现方式。这与我们的移动工作站有很多相同的地方。这个作品具有装置艺术的审美特征。(图片选自《LOT/EK URBAN SCAN》)

结构形式与材料

最后所有的工作都将通过结构来落实。由于集装箱装载容量有限，所以结构形式需要尽可能选择较为轻型的形式。课题要求学生完成的建筑模型是可以拆装的，其拆解后的构件能够完全装载在规定的集装箱中。这就需要学生对于结构有比较深入的思考，既要求结构轻巧、安装便捷，同时还具备两种以上的空间搭建形式。结构构件应尽可能标准化，其中一部分还能够折叠升降或翻转，以便易于完成空间组合搭建。

最后就是材料问题了。不同的环境对于集装箱建筑这样的临时性建筑有不同的要求。在课题中我们对于材料没有要求，但是学生们在设计中都提出了自己的解决方案，虽然从专业的角度看起来有些幼稚，但是却能够体会到他们对于设计所倾注的热情。

上图：这是用20个不锈钢厨房洗池组合设计的转动书架。该设计很好地把材料特征与空间及功能结合起来，极具视觉表现力。（图片选自《LOT/EK URBAN SCAN》）

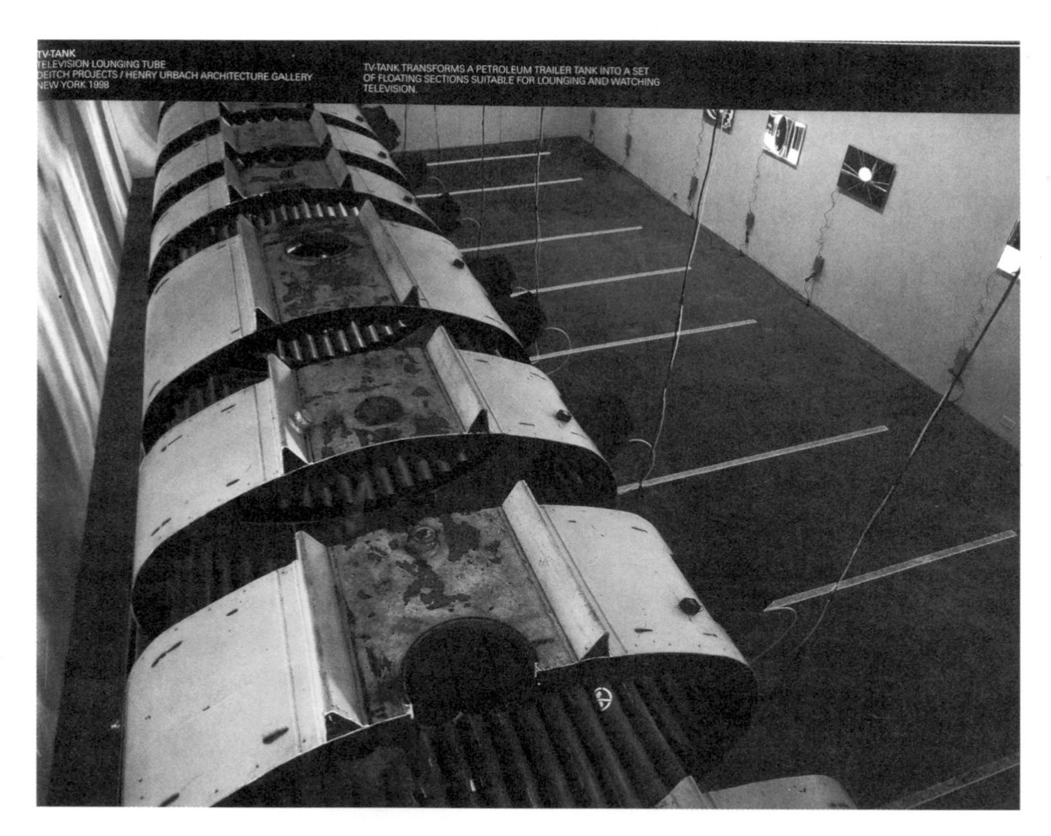

上图：这是一个利用油罐进行解体切割，重组而成的媒体放映厅，巧妙利用了原有的结构，并突出了新造型的结构美感，令人印象深刻。(图片选自《LOT/EK URBAN SCAN》)

上图（左）：周子彦同学所设计的泥石流观测站的方案模型，球形的网架结构为的是在泥石流发生的时候能够保护工作站本体。

上图（右）：李志强同学的设计方案是大石围填坑的科学考察站。他的设计尽可能地使用标准化的构件，以便能够方便安装与运输，结构精巧。

上图：王芳同学的模型表现出了轻巧的结构，移动方式巧妙。

小结

以上这些相关的问题对于二年级学生来说是比较复杂的。而且由于每个课题都有较大的差异，他们面对的问题也不尽相同。在方案设计阶段，我们作为指导教师鼓励他们从非建筑的角度去思考建筑设计面对的问题，去发现解决问题的方案。也许他们的有些方法是笨拙的，甚至是具有幻想色彩的，但是这正是我们鼓励的。这些问题的解决并不是二年级上学期的教学任务，我们的课题是让学生去主动发现在一个特定环境条件中的建筑所面临的问题，以及不同解决方案之间的关系。我们在课题辅导的时候并没有求全责备地要求学生对所有的问题都必须做出完备的解决方案，但是在设计过程中，我们发现学生表现出很高的热情，他们甚至考虑到了垃圾的收取与自洁的方法，以及生态节能等问题。他们对于建筑的感受从被动地解决任务书的要求，变成一种我们称之为角色设计的感受。通过从工作内容、地点与环境的选择，到人员组成以及将会面临的危险和问题，学生将自身完全投入到建筑的情境中去，依据他们所寻找到的各种相关技术资料去不断丰富设计的脚本。在这个实验课题中，我们尝试引导学生体验自主发现的过程，从开题报告到设计成果的完成，我们希望学生作为一部电影的导演，为我们讲述一个关于自然环境中极限生存的故事。所谓故事就是我们将能够看到工作站的生存状态与生活。讨论和评图像是一个电影节，我们教员既是观众也是评委，我们面前是一个个充满了热情和想像力的故事，每一个都有所不同。我们希望所有的技术要求与建筑的问题成为这个实验性课题的背景，背景固然重要，但是最吸引人的是故事，是情节，是角色。

第六章 成 果

我们和所有的人一样，始终关注着最终的成果，从一开始我们就抱着极大的好奇和疑问，毕竟这是一个从未尝试过的实验性课题。经过8周的时间，每个同学都提交了自己的最终成果，它们呈现出了形态差异和设计概念的独立性，这对于刚刚接触建筑设计不久的二年级学生来说是可贵的。在本章中，我们将向大家介绍两年来完成度比较高并制作较精良的7个方案。

A．罪案现场调查可移动工作站

设计成果附图 02级建筑 李政

学生评述：

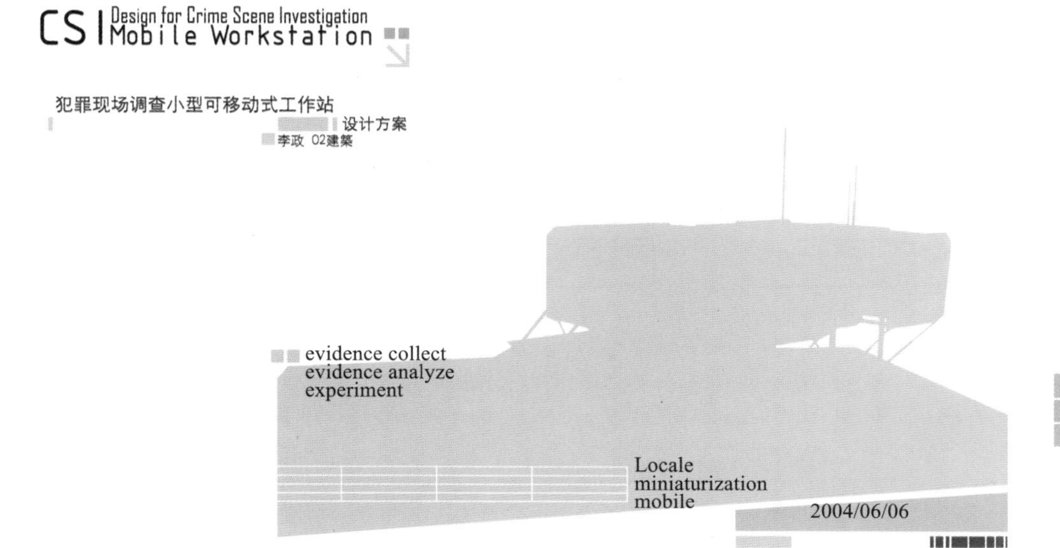

■ 功能分区

按照工作项目的分类和重要程度，对一些功能部门进行了合并。工作站的功能分区主要分为以下部分

工作区 1: 指纹提取　　物品成分分析　　纤维检验
工作区 2: 尸体检验　　DNA 检验
工作区 3: 证物分类 / 保存　　现场指挥
工作区 4: 声音 / 视频监视系统　　通信保障
工作区 5: 其他试验 / 其他功能
动力设备
个人物品存放
折叠部分

工作区 3（证物分类 / 保存　现场指挥）为首要功能分区。
工作区 1、2、4 为基本常备工作区，围绕工作区 3 进行设计。

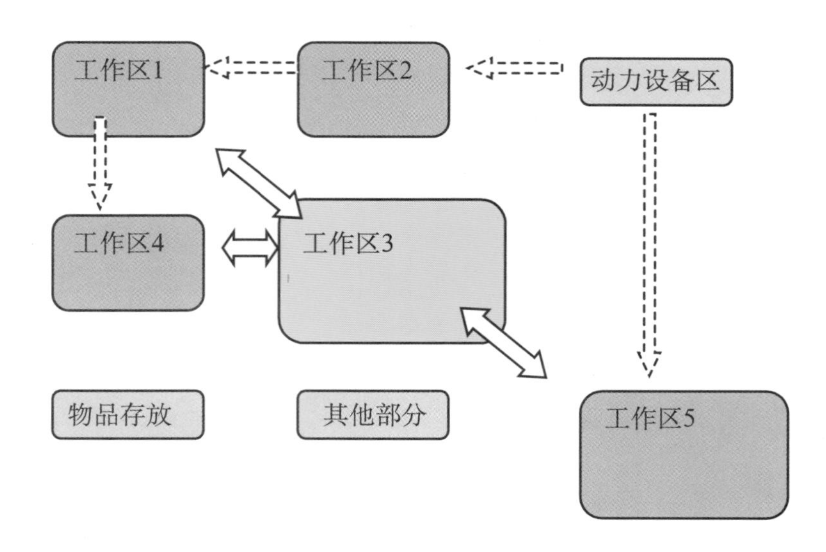

CS I Design for Crime Scene Investigation Mobile Workstation

■通道布局

交通布局主要围绕首要功能分区工作区 3（证物分类 / 保存　现场指挥）进行。这样可以方便工作区 1、2、4 使用和存储证据。

工作区3在案发现场可以担当指挥中心的角色，这样的交通布局概念也比较方便指挥工作。

通道需考虑的主要是宽度和高度问题，比如要考虑担架的通过问题。

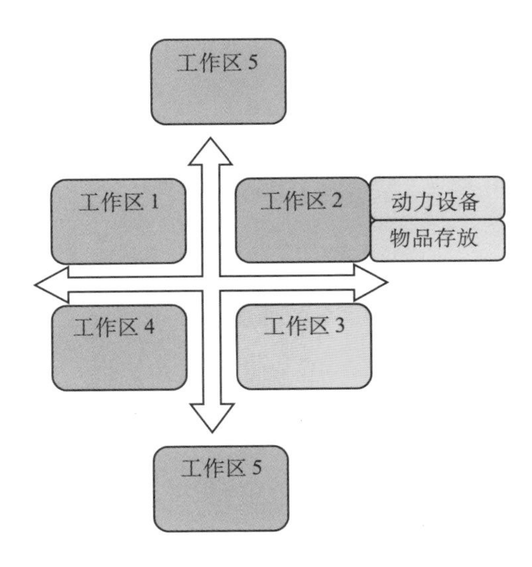

CS I Design for Crime Scene Investigation Mobile Workstation

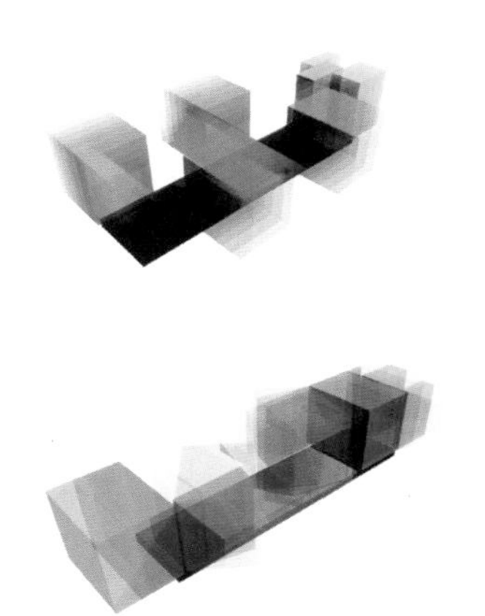

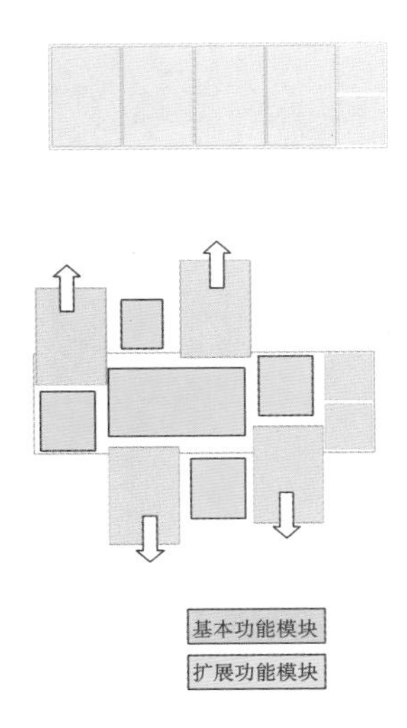

展开步骤演示：

CSI Design for Crime Scene Investigation Mobile Workstation

CSI Design for Crime Scene Investigation Mobile Workstation

STEP
01

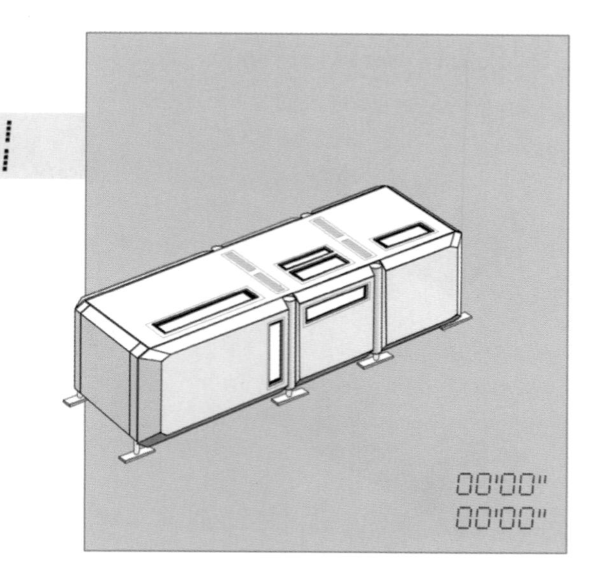

CS I Design for Crime Scene Investigation
Mobile Workstation

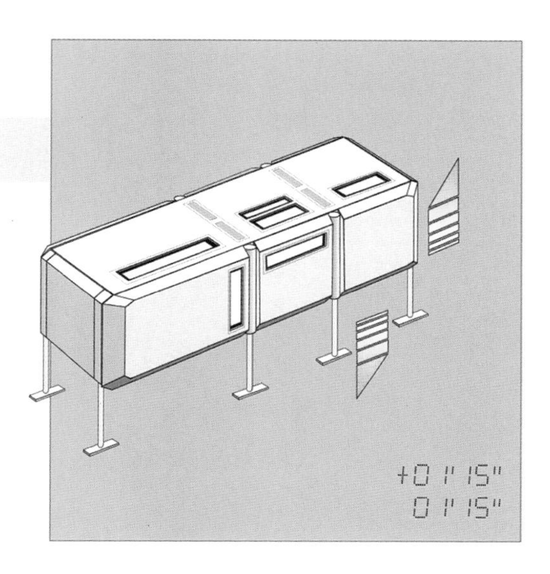

CS I Design for Crime Scene Investigation
Mobile Workstation

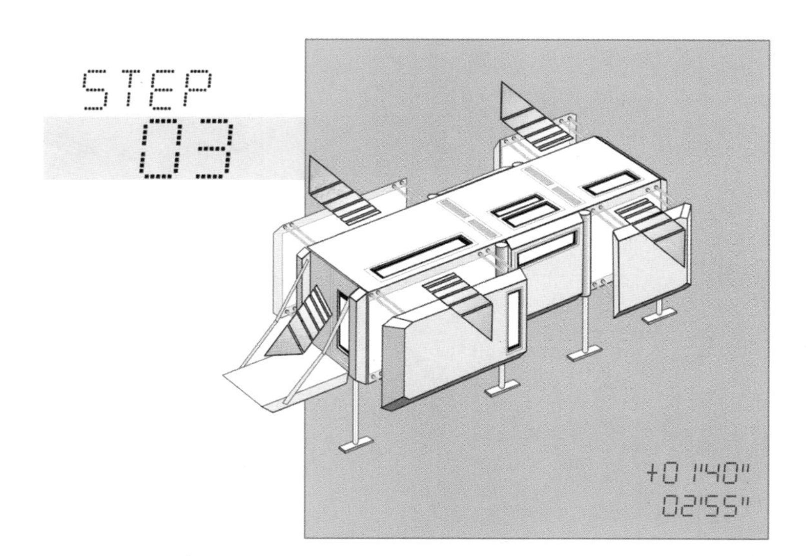

CS I Design for Crime Scene Investigation
Mobile Workstation

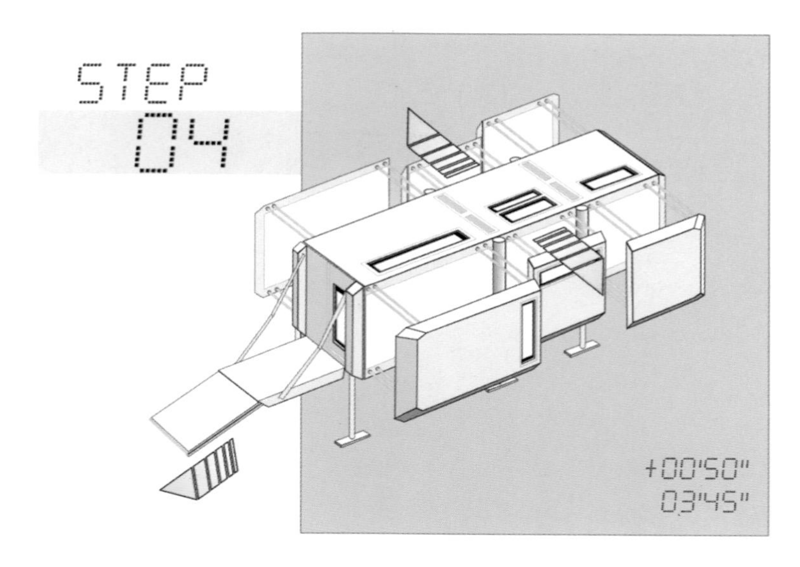

CS I Design for Crime Scene Investigation
Mobile Workstation

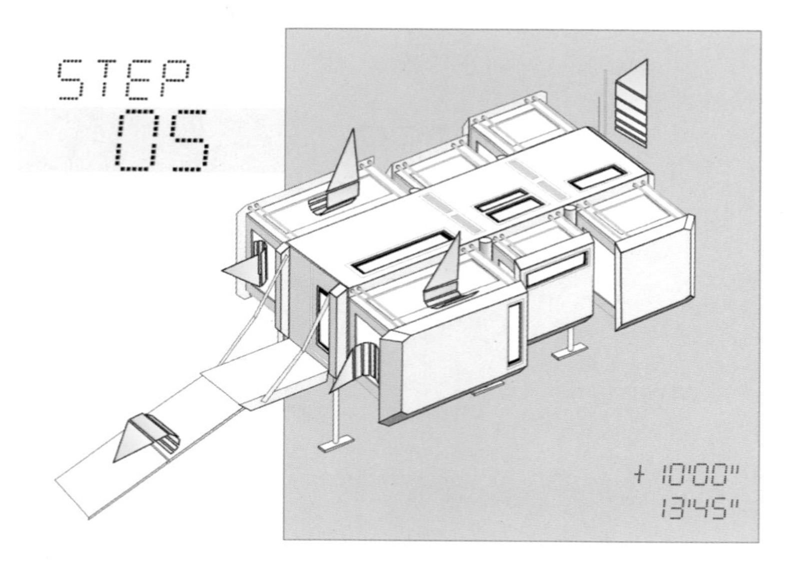

CS I Design for Crime Scene Investigation Mobile Workstation

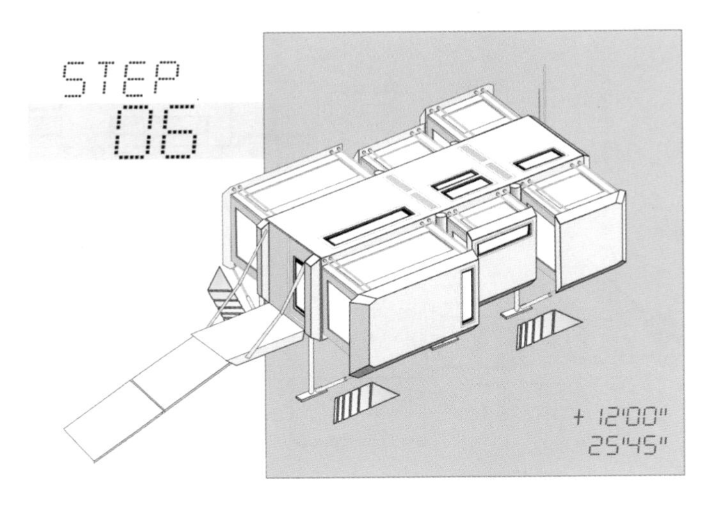

CS I Design for Crime Scene Investigation Mobile Workstation

轴测图

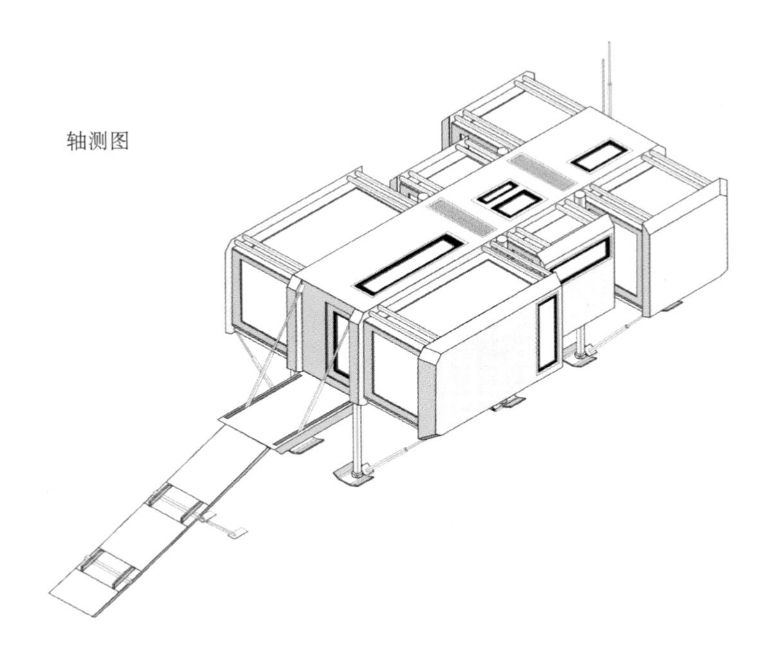

CSI Design for Crime Scene Investigation Mobile Workstation

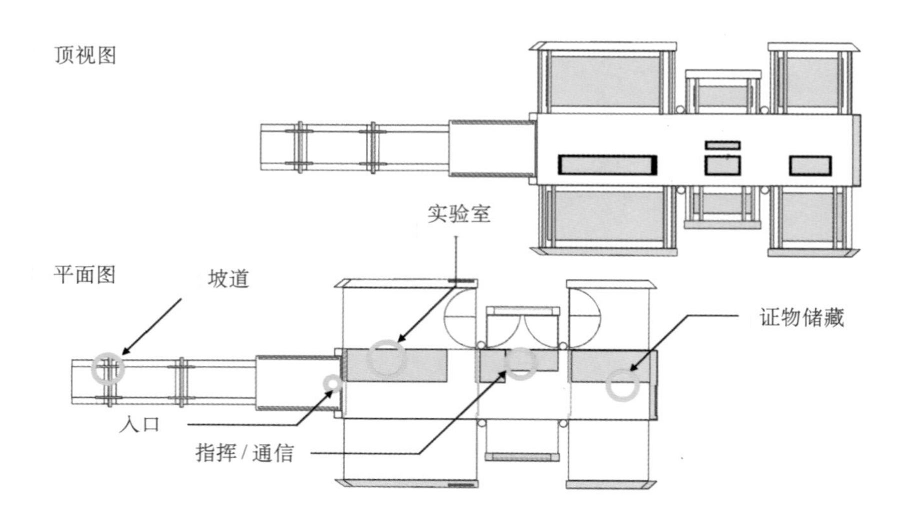

模型效果图：

CSI Design for Crime Scene Investigation Mobile Workstation

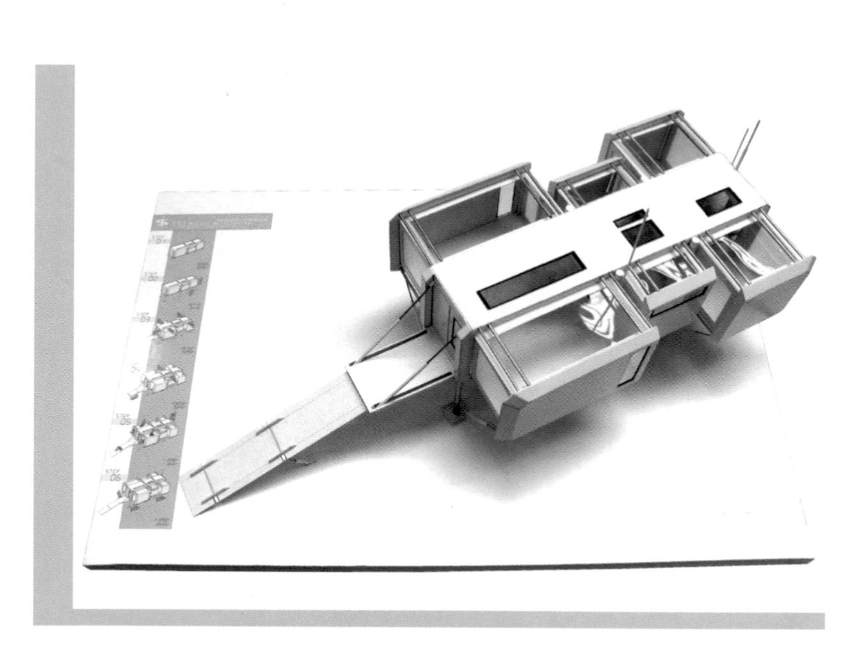

CSI Design for Crime Scene Investigation
Mobile Workstation

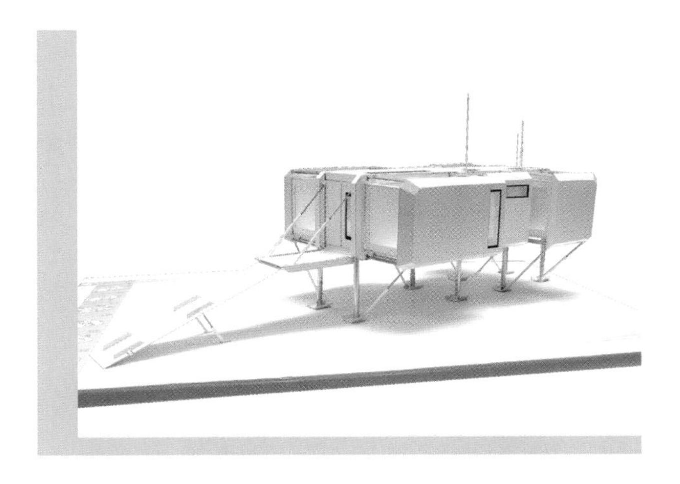

CSI Design for Crime Scene Investigation
Mobile Workstation

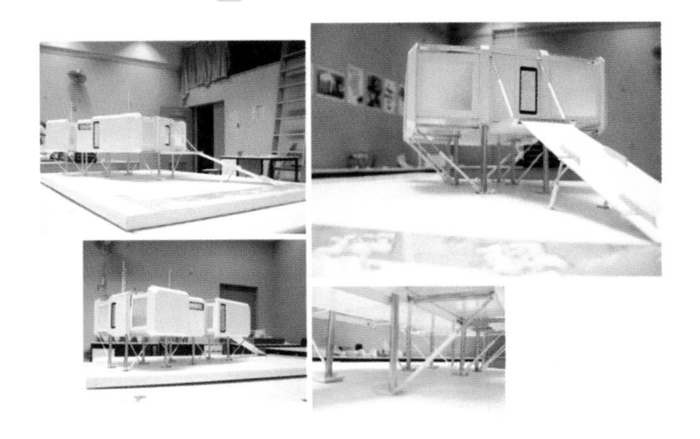

教师点评：该课题组从开题报告到中期报告阶段始终保持了很好的延续性，对于罪案现场调查工作的资料收集比较详尽。设计者较好地引用了来自一部同名电视剧提供的故事性因素，将设计者本身转化为工作站的使用者。他们的设计概念并不是臆造的晦涩概念，而是面对的具体的问题和需求。这是一种理性的设计思路，尽管在极限环境条件下。他们的建筑方案体现出了对于建筑可移动性和结构方面的兴趣。我们这里选择的是李政同学的作品。这个作品在建筑上保持了集装箱结构的完整性，通过液压装置来实现自主搭建，完成建筑最终的工作状态。这样的构造具有比较好的整体性，且拆装迅速，便于转运。考虑到在城市环境的条件下，该方案更多地考虑到安全因素和高技术的特征。这个方案充满了科幻色彩和工业化特征。李政同学在设计表达方面完整清晰，模型制作很好地体现了建筑的形态和结构的细节。

模型细部效果图

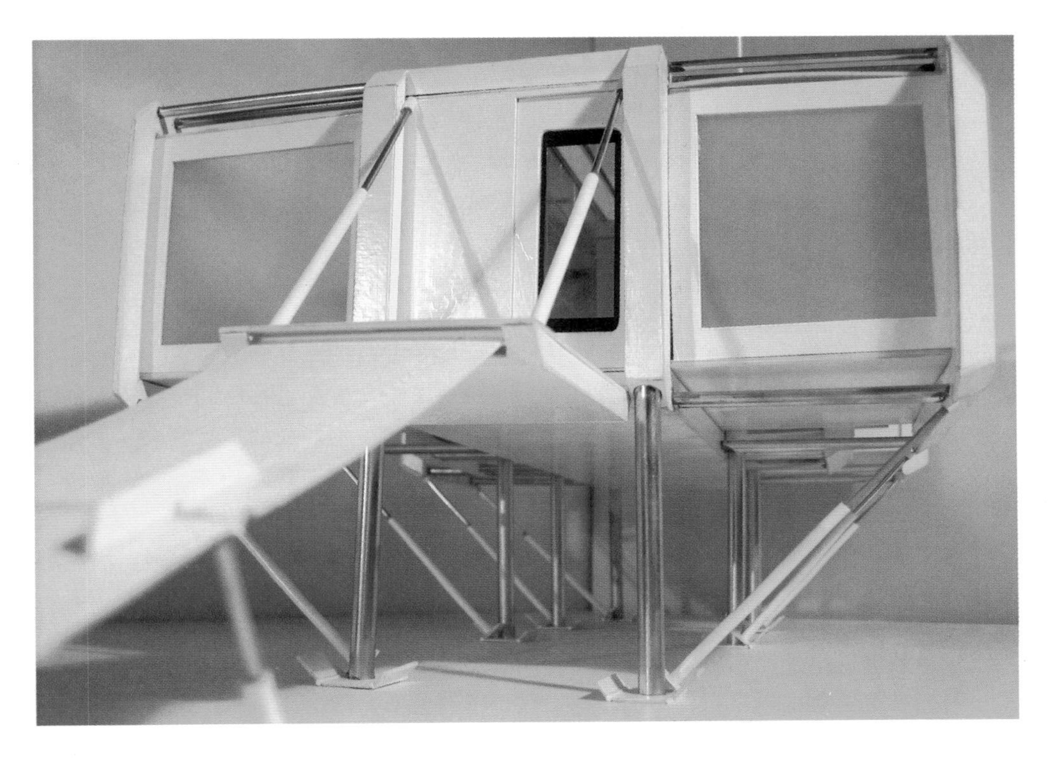

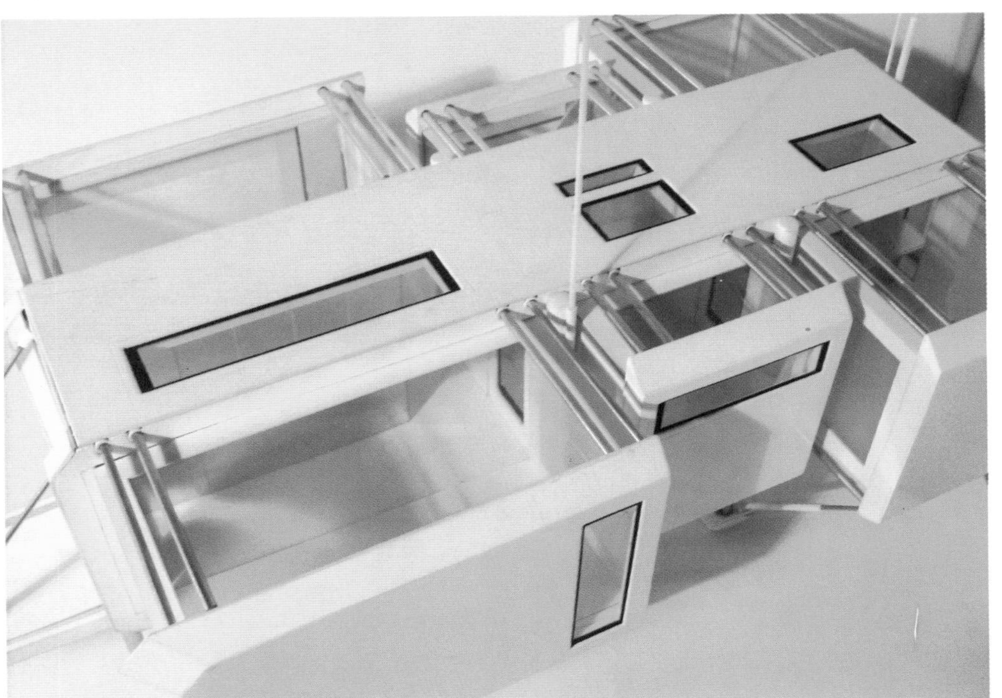

B．大石围天坑科学考察工作站 02级建筑 姚元元

学生评述：

天坑内的可移动工作站

乐业天坑位于广西百色地区境内，邻近贵州省，地处云贵高原南部边缘的桂西北边陲喀斯特地带。

天坑，学名叫喀斯特漏斗，是喀斯特地区的一种特殊地形。天坑的形成，与当地的气候、岩石特性、地质构造和水文条件有着密切的关系。我国南方地区气候湿热，雨量充沛，乐业地区有大片石灰岩地质，年平均降水量近1400毫米。雨水降落在石灰岩地面上，沿着岩石的裂隙渗入地下，由于石灰岩具有溶于水的特性，地下水夹杂着溶解的石灰岩质，一路溶蚀四壁，逐渐扩大，在地下形成大型的溶洞。溶洞的洞顶在重力的作用下，不断往下崩塌，直到最后洞顶完全塌陷，形成了喀斯特漏斗，在地表与地下喀斯特长期作用下，漏斗越来越大，终于形成了我们今天看到的天坑。

由于这种特殊的地理环境，天坑之下的动植物形态才更加原始，这里与世隔绝的地理环境也造就了天坑特有的生态环境，这一点从科学家们的发现就可以得知。因此对天坑之下动植物的研究具有非常重要的科学价值，可以称得上是开启古代生物体衍生、物种的区域性进化和地质变迁的一把钥匙。

因此在这里建立一座可移动的工作站显得很有必要。

我为这里设计的可移动工作站正是基于此目的而产生的。它可以为科学家们的科考活动提供便捷的工作场所和满足他们生存需求的生活空间。基本满足3人需要。由于垂直高度和天坑内部特殊的气候，可移动工作站在进入坑内之后将永久性停留在那里，在4～8月适宜科考的季节使用，在非使用季节回复成集装箱形态。

方案1

采用定点下降的方法。在东路从613米高的天坑顶部，先下降180米到达中洞，然后再由中洞下到坑底。

展开过程：

Step1．利用建筑下部的临时性移动装置将建筑置于坑内径流上方。

2．伸出液压杆件，深入地下，作为建筑根基，既适应起伏的地表又解决灰岩土质难以构筑地基的物理特性。

3．抽出杆件，建构主体结构。

4．集装箱主体部分展开，利用原有形态搭建全封闭空间，并固定位置。

5．内部机械（实验、分析仪器）利用滑轨到达操作位置。

6．调节好通风和空调设备管道，分设日常使用和实验室使用的通风装置；充分利用地表径流，设置好供水排水管道。

这个设计主要针对生物考察，科学家们将在这里扎营，白天出去采集样本，回来处理样本，进行简单的分析化验。收集的水生生物还可以寄养在设置于径流上的临时水族区。同时内部划分出生活区，以供科考队员休息、日常需要。

方案 2

同一集装箱体，竖直放置，设置贯通底部的绳索，利用卷扬机作垂直运动。这样就可以轻而易举地收集各个地层的样本，进行系统的地质考察。

展开步骤

step1．在坑顶固定好卷扬机和起吊装置。

2．安装固定绳索。

3．建筑利用内部液压杆件展开到完全形态，搭建全封闭空间，并固定位置。

4．内部机械（实验、分析仪器利）利用滑轨到达操作位置。

在这个工作站内部将没有自然供水装置，水电完全由天坑顶部通过电缆和管道输送进来。

环境分析及工作站形式分析图：

Main characteristics

亚热带湿性气候：

昼夜温度明显变化

夏季和冬季有明显区别

Hunidity

Distinct summer \winter seasons

Moderate to low diumal(day\night)

temperature to range.

Main purpose for the Science observation post

小型工作站主要功能

生物：生物标本采集＋短期培养＋浅研究

标本采集仪器

观测室
(box)
标本
(box)
温室
(外张膜结构)
水族房

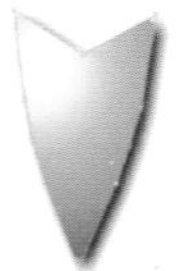

普仪分析
实验室
净化间
(封闭 airtight)
人工气候箱

地质：

电镜＋光谱分析仪＋红外感应
＋化验暗室＋计算机

REQUIRE
环境要求：生物

环境洁净　安静　远离
电磁波及辐射的干扰

地质

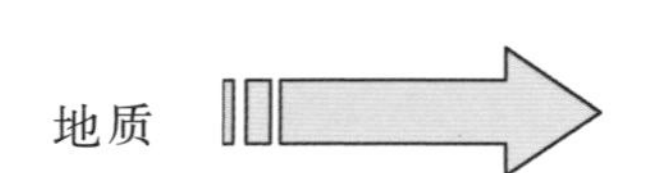

地质稳定　电磁波干扰小远离铁矿等
地质复杂的地段

KEY DESIGN PURPOSES

初步设计目的：

- People：biologist（生物学家）+ geologist（地质学家）+guide（local people 当地向导）
- Comfortable living place 符合试验要求，提供一个考察居住相结合的小型建筑以适应天坑下不同的自然条件
- Avoid auxiliary heating as it is unness any with good design通过合理的设计避免不必要的辅助加热
- Allow solar access in winter month 在冬季让阳光进入
- Maximise enternal wall areas 增大外墙面积——加强风沿建筑的流动（总想通风）
- Site for exposure to breezes 选择有风的地点
- 采用良好的绝缘和蒸发屏障
- 选择浅色调的建筑材料
- 提供避风挡雨的户外活动空间

Order

搭建的先后顺序
建筑材料放在便于取出的车厢前部
仪器和生活用品置于车厢后部
车厢内部作防振处理，设有多个隔断

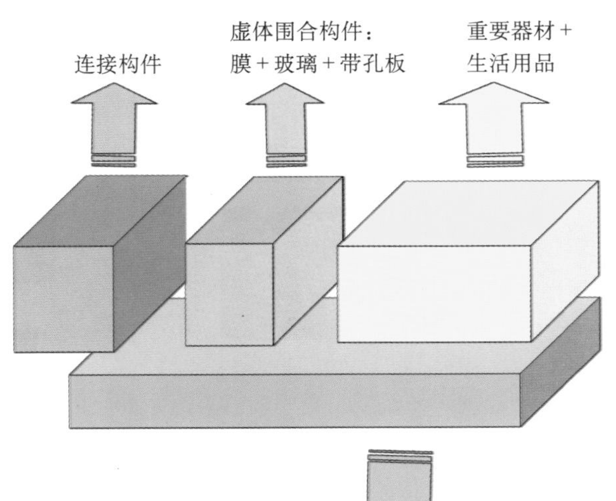

1. 抽出杆件搭建框架　2. 升起楼板　3. 安装围合
4. 内部加层　5. 摆放仪器

长杆件

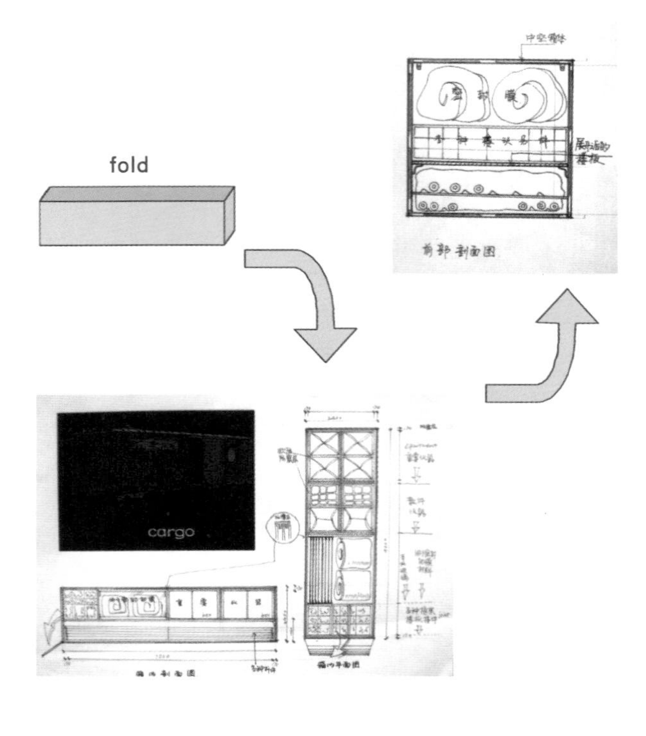

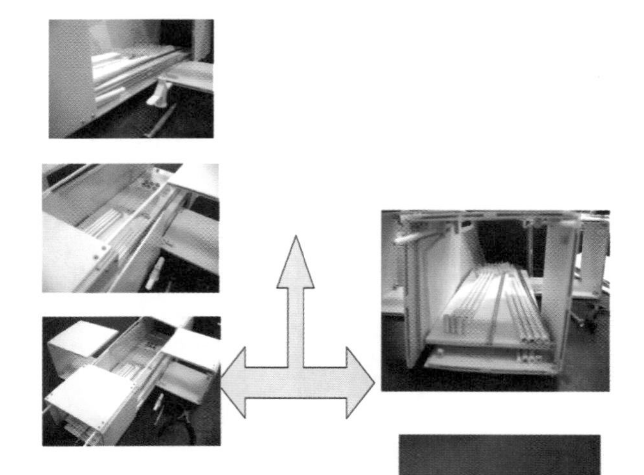

零件在箱内的摆放

展开形式

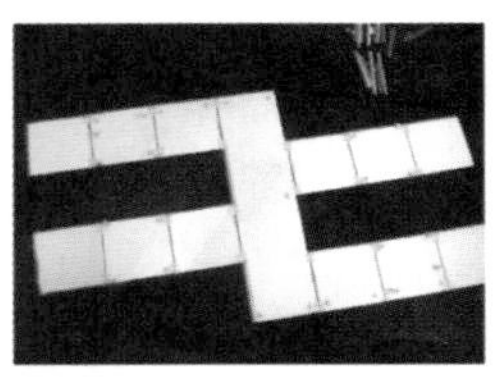

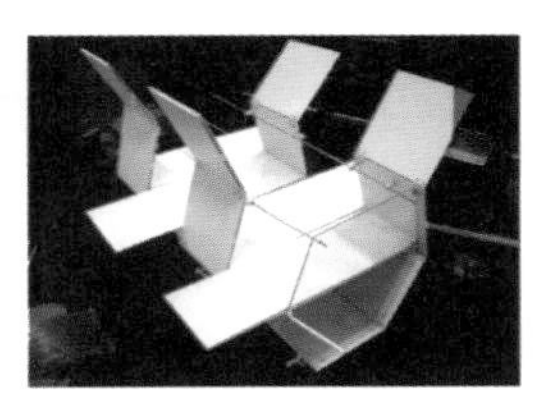

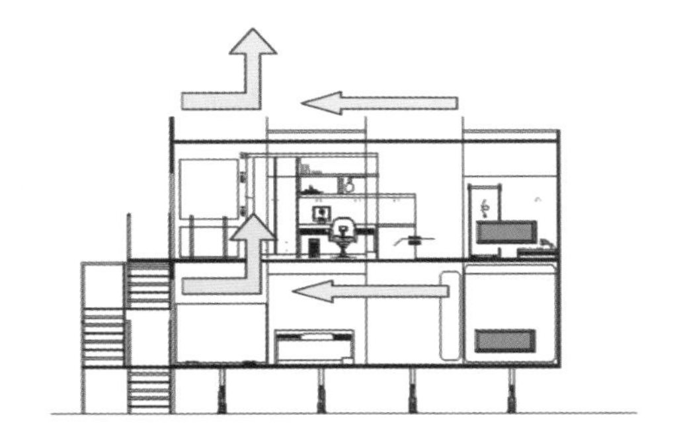

ventilation 通风：
送风　排风
使用自然排风管，单独排风扇或机械排风装置。
由于风管截面较大有噪声，所以干管竖向沿墙设置并且远离一层的密封区和二层生活区。

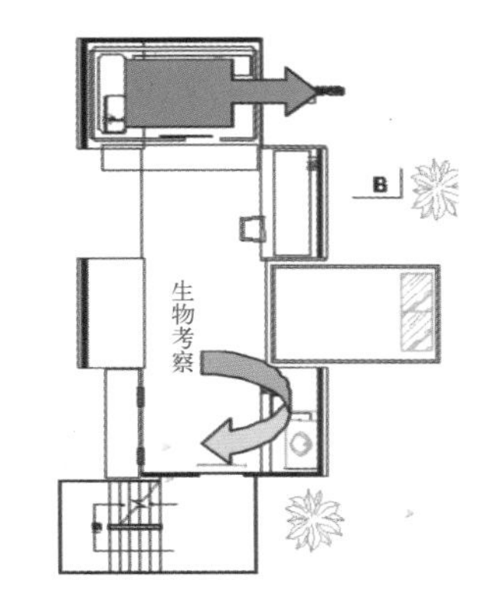

绝对净化间
为排除局部烟气或有害气体，设置通风柜和排气口，从非集装箱构筑部分排出。具体：上进风下排风，设置过滤网。

Air conditioner 空调：

使用两台单独空调，局部调节温度利用排风管道换气，沿墙设置，避免噪声影响。

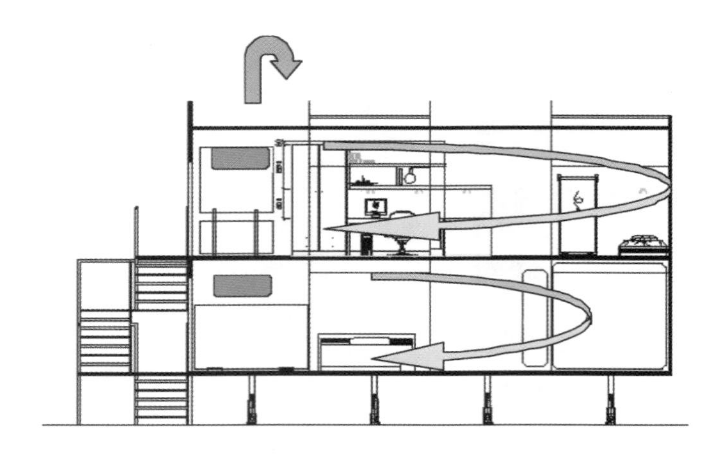

横向体系模型效果

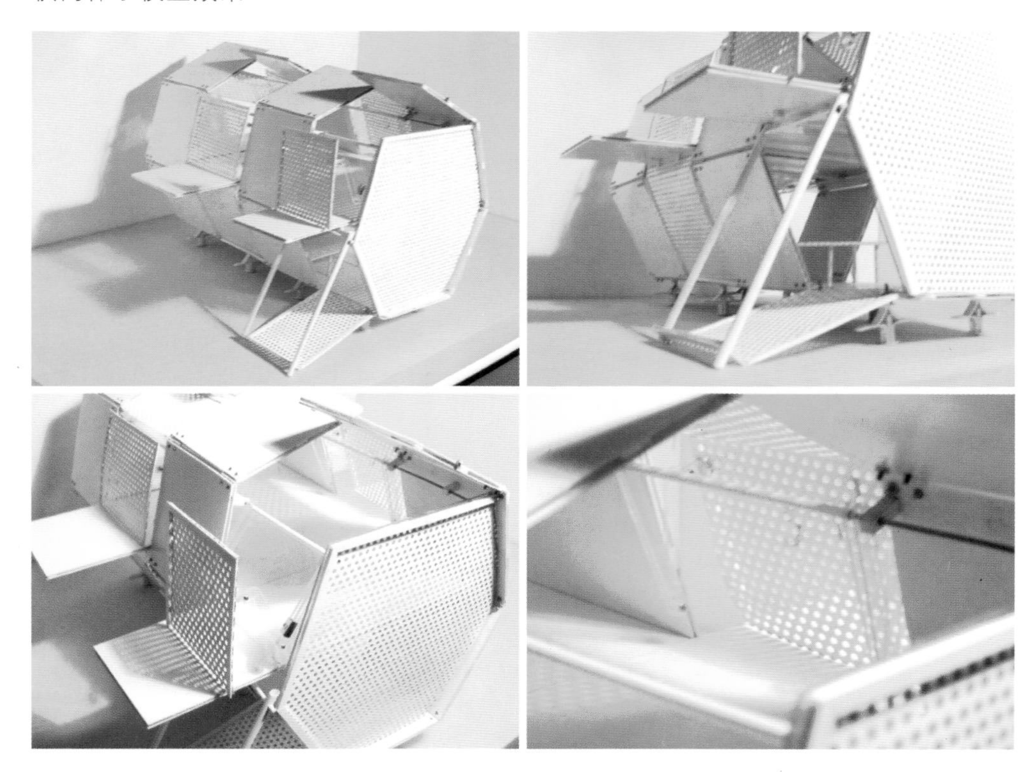

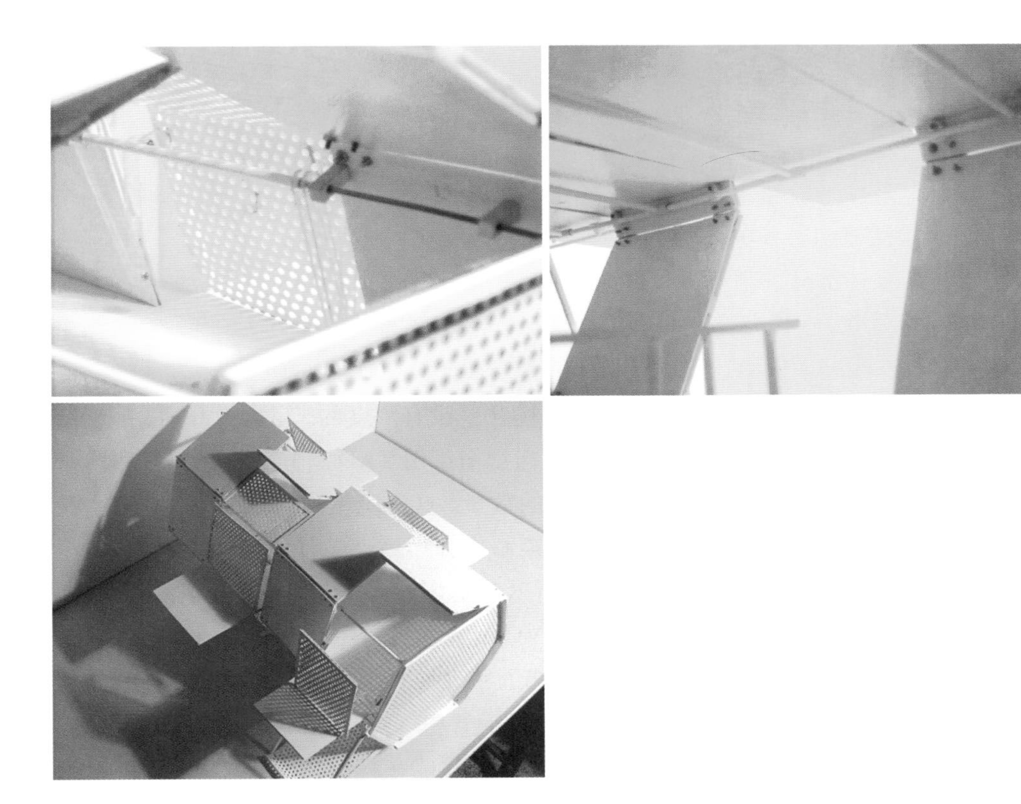

教师点评：大石围天坑科学考察站是一个建立在苛刻环境下的特殊建筑。在这里我们介绍了姚元元同学的作品。在对环境作全面分析后，她提出了自己的解决方法：将集装箱彻底解体为独立的构建，化整为零以便运输；通过对于构建的模化设计，以实现不同的组合。该方案有两种不同的工作站工作状态，第一种工作状态组合是建造在碎石地基基础上的，底层架空解决地平高差问题，以六边形作为建筑的主要形态进行组合搭建。另一种工作状态则是吊挂在天坑悬崖的山壁上进行岩层断面考察。姚元元同学在建筑构件的设计与组合方面做出了较为深入的设计，并通过模型的方式表达出来。所有的构建都能够拆卸并按设计好的位置装载于集装箱中，符合我们对于小型可移动建筑的教学要求。该方案体现出设计者对于生态环境和生态建筑的浓厚兴趣，表现在三个方面：一是对于自然界能源和自然条件的利用；二是对于建筑自我循环的考虑，避免对于环境造成人为的破坏；第三对于建筑的形态造型方面考虑到环境的因素，诸如地形地貌、气候等条件。

C．热带雨林科考站 03级建筑 李景明 封帅 柯崟 陈苑苑

学生评述：

在设计进行到后期的时候，我们开始着手做1∶25的模型，以直观地理解这项设计和结构的概念，并深入测试和修改。

工作站主体部分的顶棚采用的是张拉整体结构。这个顶棚由压杆和索组成。所有压杆都须分开，压杆在连续的索中处于孤立状态并靠索的拉力联结起来；结构中尽可能地减少受压杆件，达到质量最小而造价最低；在施加拉力之前，根据我们的设计也正好是箱体没完全展开时，顶棚结构几乎没有刚度的。完全张开后，整个结构须像一个自支承结构一样稳定；同时，当把图纸用CAD画好并按比例打印出来时，我们便已再一次作了调整：增加压杆的数量。这样既使内部空间高度增加，又让结构形态更富层次。这些构想都要求模型制作有相当高的精细度，而所用材料中的软线拉伸能力远大于实际索的能力，所以，制作过程实在是一次磨难。

我们用的是航模店出售的分型号的PVC圆管和板，还有细线。通过估算和试验，大致定出压杆间的距离。然后，在细线上精确地打上这样距离的结。等长的细圆管两端开了小槽口，让线横穿并使线结藏于管中，这样压杆就和索连上了。当然，实际节点的处理不应只是这样，模型中我们只能在杆的端头套上直径大2毫米的管当帽，这些小帽上也开有4个槽口。

柱子，在这个结构中比较特殊。因为只要在初始状态下柱子位置确定了，索完全张开时，柱子应只受到平行于它中轴的压力，它会保持在预定的位置。所以柱与地面的连接可以采用铰接的方式，这也利于工作站的灵活开合。为了证明和强调这个想法，我们便把每个铰接点用半个大管套小管的方式模拟做了出来。

做完零件，便是组装。整个过程麻烦却有趣，是一个从一维（绳结）到二维（连出单排的带压杆的索平面）到三维（索平面互相连接成一整体）的过程，从无序（未施加拉力时）到有序（施加拉力）的过程。调整索和杆的长度后，整个张拉整体结构的确如同那句话所说——“压杆的孤岛存在于拉杆的海洋中”，它最大限度地利用了材料和界面的特性，用尽可能少的材料建造了大的空间。

回想整个设计过程时，我想每个人都能意识到它是一个螺旋状反馈式的循环过程，而不是线性的，也非单纯的意外。所有工作都由我们四人或合作或分工完成。和有不同思维方式、性格和性别的人一块工作，对我来说，绝对是一次有趣的体验。

设计成果附图

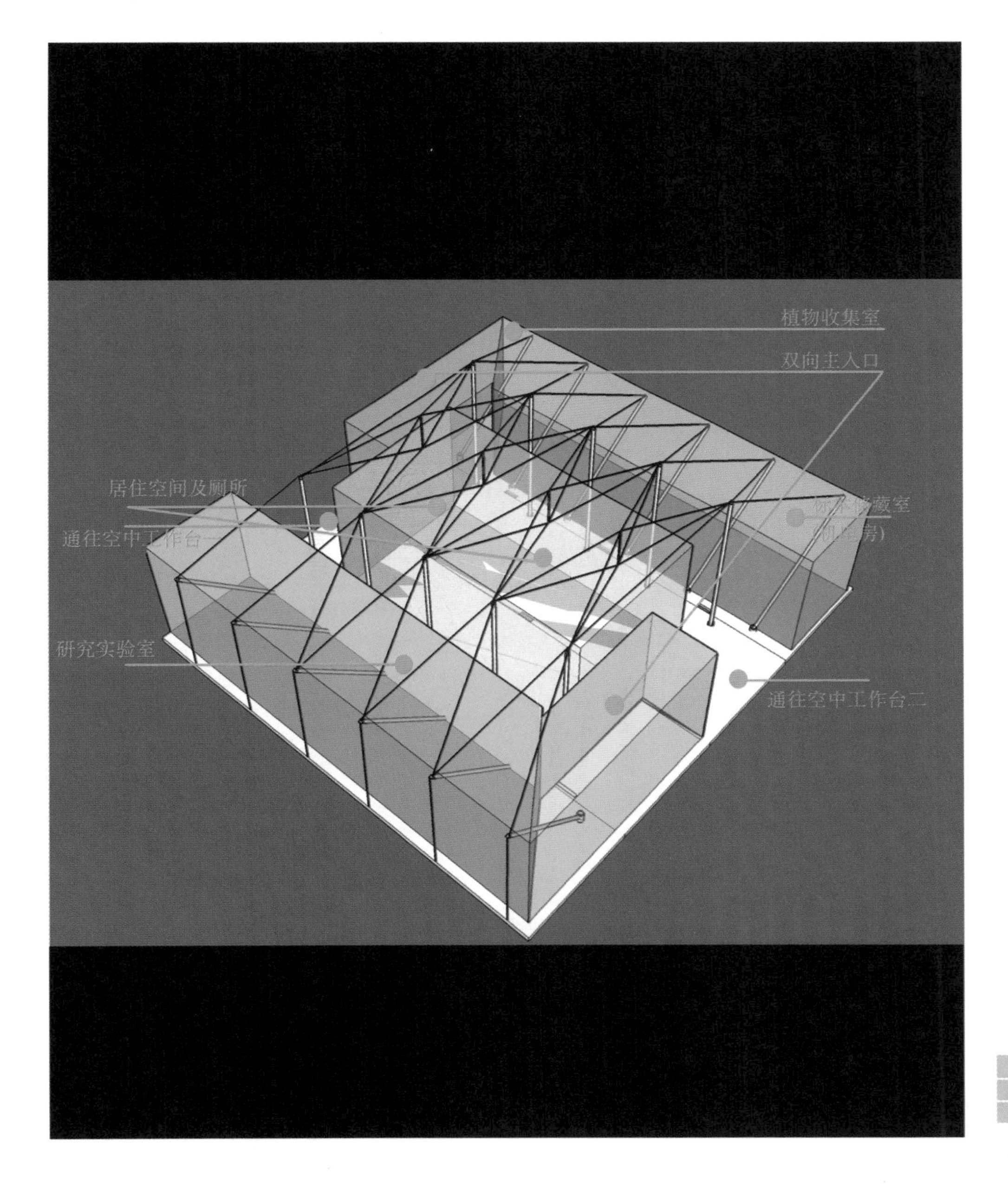

模型图片

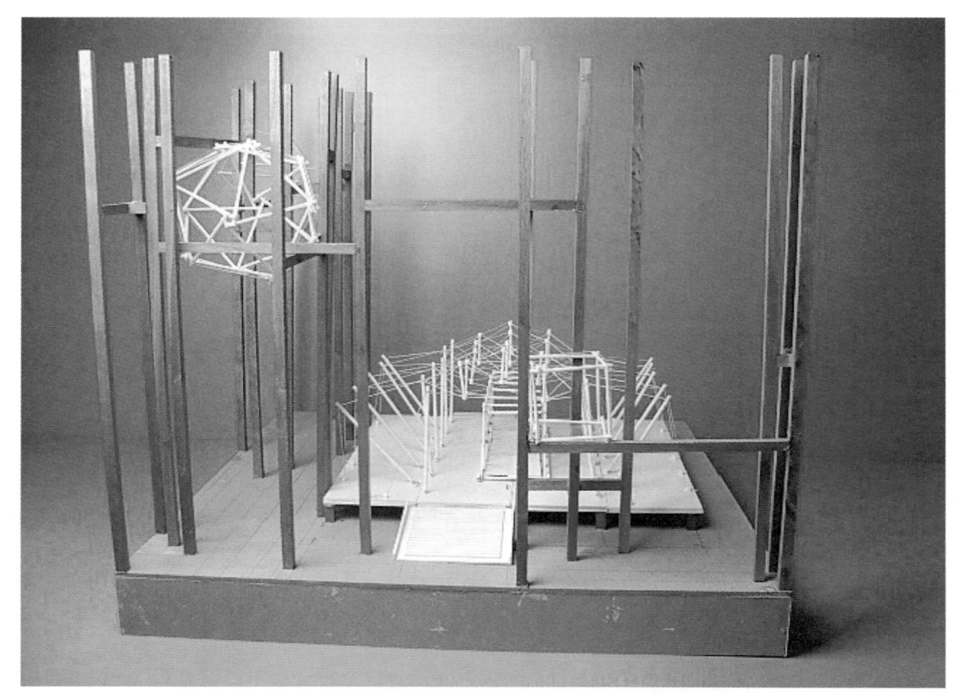

单体细部

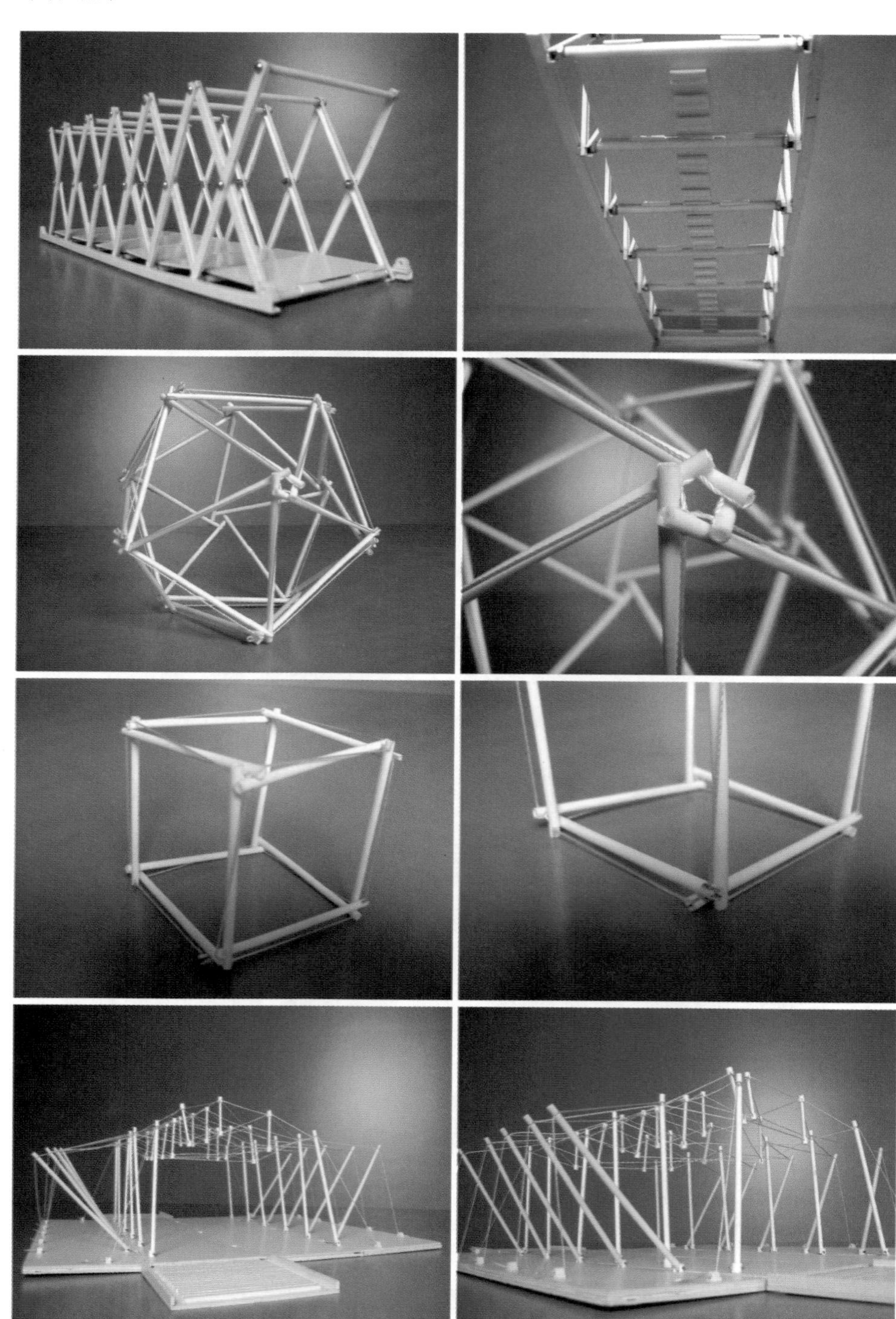

教师点评：这组学生的作品从一开始选题并切入初步设计的阶段开始就一直比较顺利，选题到位，并且在深入设计的时候对于很好地寻找相关资料表现出了相当的优势。小组成员们在初期和中期的时候找到了很多比较稀少的热带条件下的工作站形态资料，这对于他们后期的工作起到了很好的推进作用。在后期的设计中，他们自成一组，整体制作了一个环境模拟基地，并在这个基地上制作了几个不同的展开模式工作站。工作站各自拥有不同功能，同时又互相有联系，展开形式新颖而又有基础的建筑依据。可以说这一组很好地完成了课题要求，同时自己也获得了相应的知识点，拓宽了自己的思维。

D. 新几内亚食人部落考察的可移动工作站　02级环艺　陈文昌

学生评述：

位于澳大利亚大陆之北的巴布亚新几内亚岛（又称伊里安岛），被称为亚、澳两大陆的桥梁，新几内亚地区不同山脉之间生存着食人部落。食人，一个令人毛骨悚然的词语更为这一原始部落增添了神秘色彩。他们的生活习性、文化积淀、特征、宗教信仰、意识形态等众多方面都有待考察、研究。通过收集整理图片文字等资料来调查研究“食人”行为和动机，并调研其居住形式与利用自然、与自然和谐共存以及对自然的崇拜等。

极限环境：危险环境，极热状态，高温，高湿，地势险恶，易遭遇紧急情况须备有高质量通信设备，易受蚊子及野生动物的侵袭。

>气候环境:热带雨林，草原，极热，极湿，持久高温。

>自然环境：毒蛇，蜥蜴，盐水鳄等野生动物；茂密的雨林地貌；山脉，河流。

>紧急情况通信设备：卫星通信系统，自救功能。

>蚊虫及野生动物侵袭：化学药品，自身防护系统，防止野生动物侵袭。

特殊的环境决定了此可移动工作站的几个必备特点：(1)可移动，小型可移动

建筑适应坐落在雨林中、河域旁、山谷里等特殊地域，并随着原始部落的行踪进行移动。(2)体积小，整个建筑可以自由收放，组合后可以形成9000mm × 2400mm × 2400mm的标准集装箱尺寸，便于运输，具有极强的机动性。(3)易拆装，全面展开后是一个平面为八边形的全围合工作站。(4)重安全，8个外立面只有两个条行窗，和两个全封闭出入口。外部135° 钝角具有非侵袭性，对于原始、崇尚暴力的部落人群无疑是展示和平的安全方式。

建筑的工作站人员由3～4人组成（摄影师1人，技术人员2人，提供语言支持的当地导游）。综合性的工作站为其人员做了全面、细微、人性的设计：包括物品贮藏、休息室、卫生间、通信设备、气象设备、消毒设备、电力及水循环设备、温度湿度调节系统、生命安全保障设备、消毒设备、机体抗腐蚀设施等，最大限度地提高人员工作、休息的舒适度。

可向外伸缩的出入口设有可折叠保护膜，在需要时可使建筑完全处于独立于外界的隔离状态。独立的太阳能发电系统可调节温度。工作站底部有可调节长度的支撑脚，可在不平整或潮湿地带保持上部主体的平稳清洁状态。温度湿度的调节系统能保证工作人员在安全的环境中进行工作。

工作人员将远离现代都市的浮华与烦乱，触摸原始部落的野性与纯粹。工作站从平面来看造型极像两个相对的巨大箭头交融在一起，这特殊的文化符号合理地分割了建筑内部的虚实空间，使内外空间互动，使人员的工作和休息结合。也隐喻了两种文化的碰撞、交流与融合。它不仅是一个工作站，也是一个充满机械美感的建筑，也是一种时间空间互动的文化。

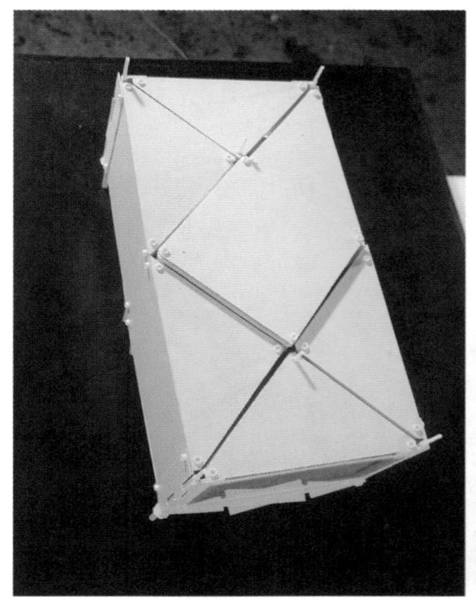

模型展开初始状态

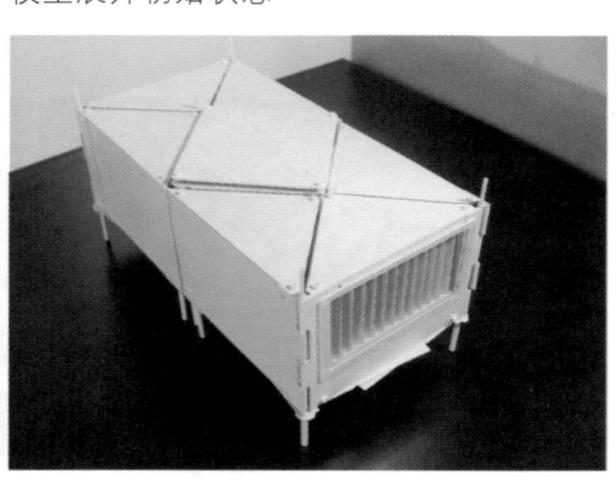

模型中间展开状态

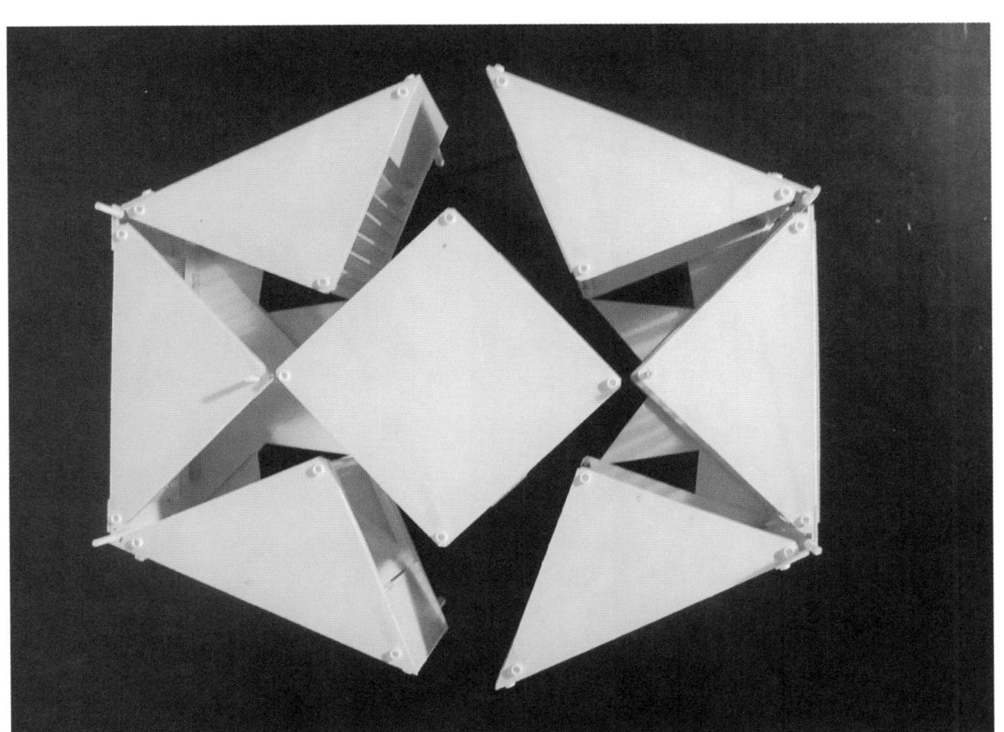

模型展开状态与局部

模型细部

工作站草图

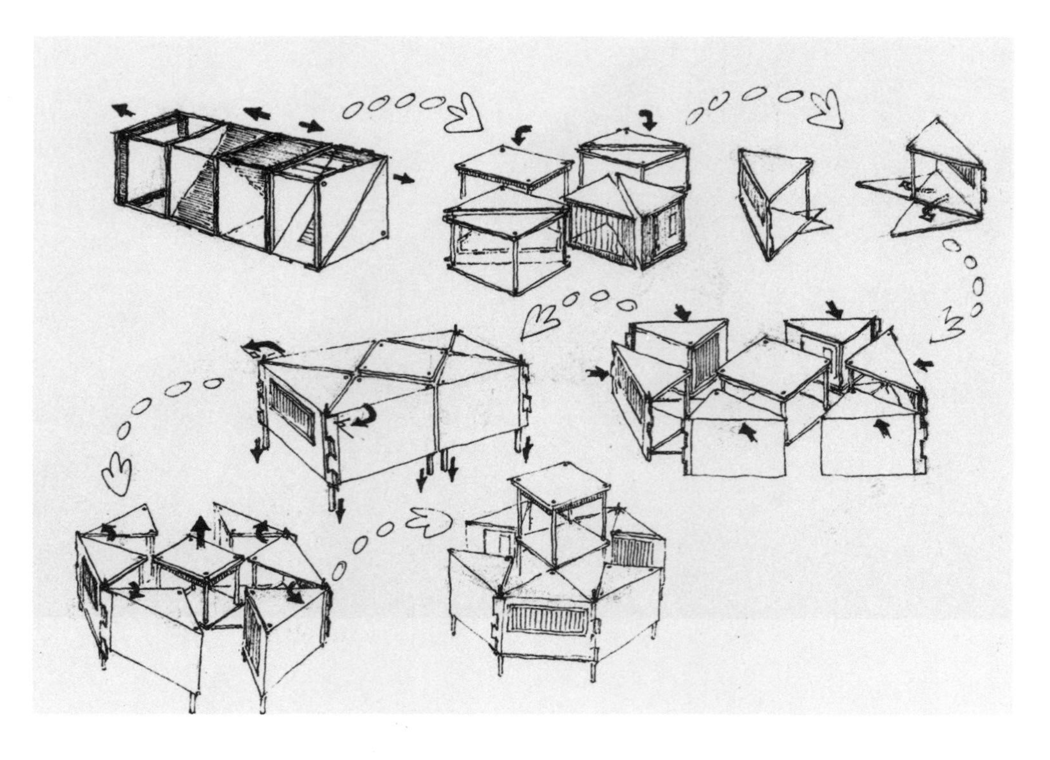

工作站基础尺寸

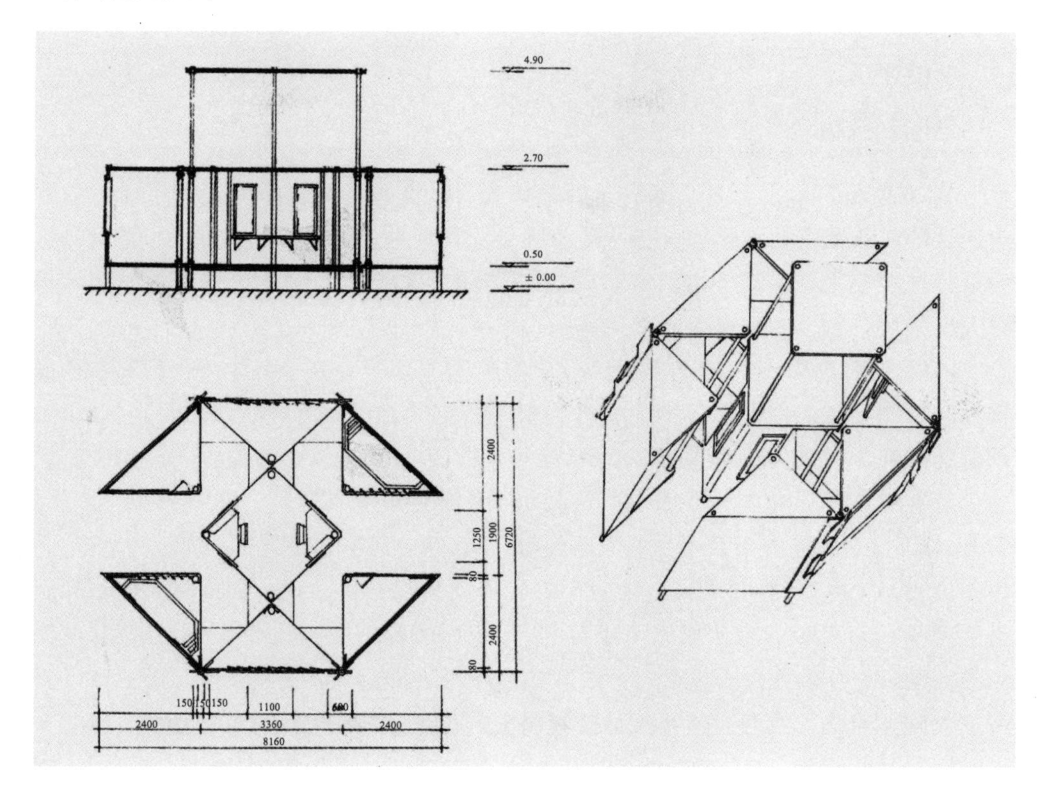

教师点评：这个作品的思维起源是中国的传统图案，之所以使用这个图案是因为学生在观察图形时候发现这个图形在平面形态上是互相贯通而又各自成块的，这正符合他这个工作站的要求，于是很快他就选定了这一形式作为他工作站的基础展开形。在设计过程中，如何使形态顺应热带的极限环境也是他思考比较多的内容。整个设计完成度比较高，形态比例适中，达到了课程的要求。

E. 可可西里防盗猎 03级建筑 李申 曹卿

学生评述：

偷猎情况

从20世纪70年代以来，藏羚羊就被认为是遭受破坏的物种而受到了法律的保护。但是直到野生动物学家乔治·夏勒博士发现那种被称为“沙图什”的昂贵的绒毛就是藏羚羊毛并提出了警告之后，藏羚羊偷猎和沙图什贸易不断升级的原因才被世人所知晓。

1992年到1997年的报告表明，在所有中国藏羚羊的分布区中——西藏、西部青海和南部新疆——藏羚羊的偷猎行为都十分猖獗。但是统计这么一大片区域中被杀戳的藏羚羊的实际数量却是一件困难的事情。1992年，青海省的一位前任官员曾估计在这片地区每年至少有2000到3000只藏羚羊被杀死。在1996年12月罗马召开的CITES常务委员会上，中国声称每年有2000到4000只藏羚羊死于偷猎。一位印度官员1997年到过西藏，他对印度野生动物保护协会说，藏羚羊的偷猎和贸易活动是在有组织的团伙操纵下进行的。为了严厉打击盗猎藏羚羊、走私藏羚羊制品的活动，更有效地保护藏羚羊，中国政府相继在藏羚羊的分布区新疆、西藏、青海成立阿尔金山、羌塘、可可西里自然保护区，并分别在羌塘、可可西里、阿尔金山的周边地区组建了11个森林公安机构，现有森林公安民警50余人。

多年来，虽然森林公安机关不断加大打击盗猎藏羚羊的非法活动，但从总体形势分析，所抓获的盗猎藏羚羊人员和缴获的藏羚羊皮只有实际的1/5。藏羚羊的分布区有80余万平方公里，而在此负责保护野生动物的森林公安民警仅有56人，平均每人负责1.5万平方公里的面积，且这些地区属于高寒、高原无人地区，人类生存十分困难，并且这些地区经济非常不发达，森林公安民警的装备十分差，给保护工作带来很大困难。

设计说明

总述：这个建筑的功能是可可西里地区打击盗猎活动的临时基地和关押盗猎者的临时监狱。考虑到可可西里地区的地形环境不能行走大型车辆，我们把这个9m × 2.4m × 2.4m的盒子分成四部分，其中三部分的尺寸是2.4m × 2.4m × 2.4m，剩下一部分的尺寸是2.4m × 2.4m × 2.4m。四个盒子在一个类似九宫格的轨道（可临时装卸的预制构件组装而成）上自由地运动，形成各种组合方式。每个盒子都能在纵向上展开，展开后的使用面积大约是原来的三倍。考虑到不同的功能，盒子的展开方式和进入方式有所不同。其中休息空间是双向展开，而监狱则是单向展开。展开方式我们借鉴了滑轨的结构形式，使每个盒子都可以在预制的轨道上自由地运动和组合，形成符合不同功能要求的空间。

在九宫格上的组合方式

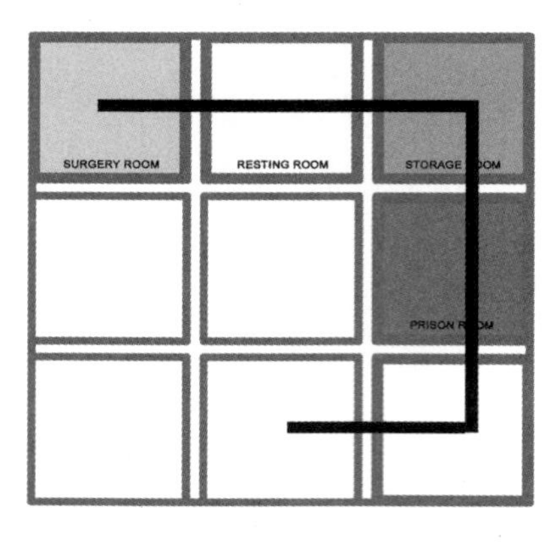

串联

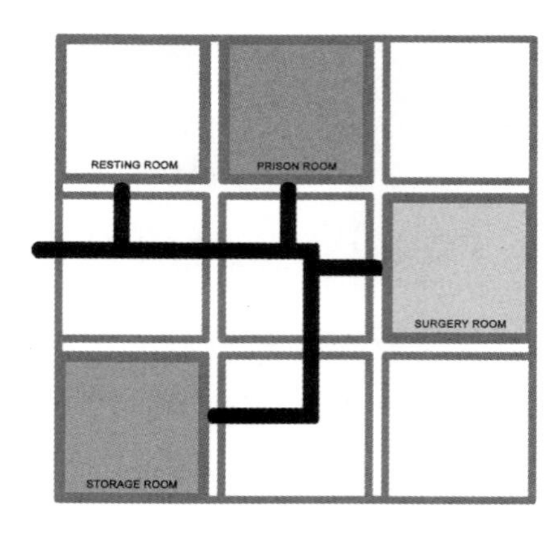

并联

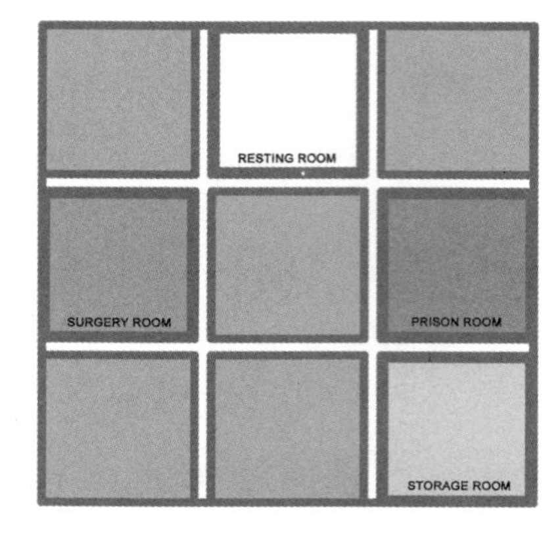

分离

移动方式

展开方式我们借鉴了滑轨的结构形式，使每个盒子都可以在预制的轨道上自由地运动和组合，形成符合不同功能要求的空间。

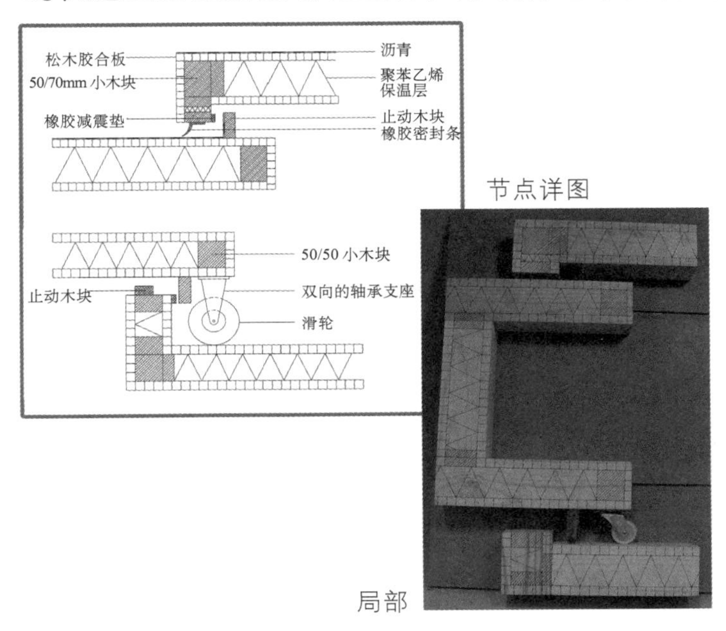

节点详图

局部

CAD 图纸

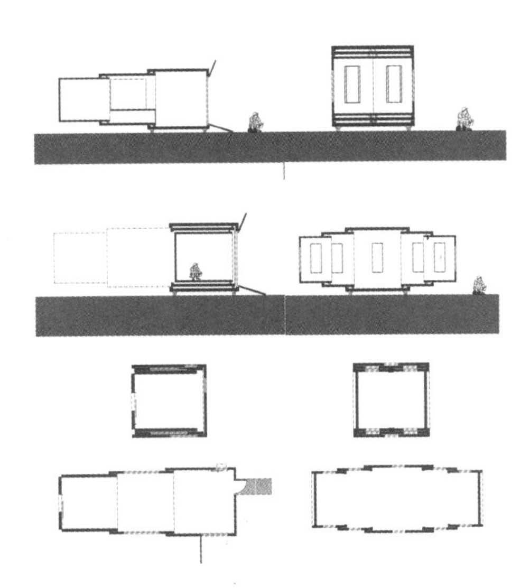

临时监狱

临时监狱是这个建筑最重要的部分之一。可可西里地区环境恶劣，抓捕到的犯人可能不能及时运送出去，有时候甚至只能就地放掉，这对于侦破工作极为不利，所以设置临时监狱有其必要性。此监狱最多可以容纳 10 名罪犯，设计的专用坐椅达到了使犯人逃不掉死不了的要求。符合了监狱最基本的功能。

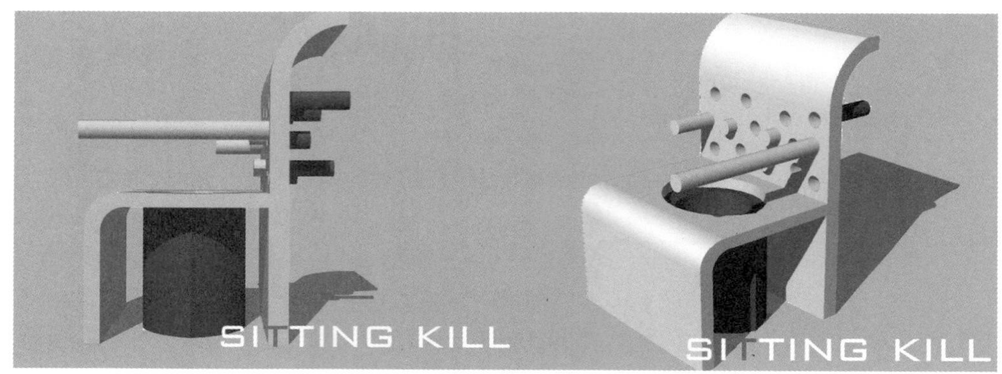

◄模型照片

效果图

休息空间

这个建筑可以容纳10名左右的工作人员，男同志最多8名（包括干警、通讯员等），女同志最多2名（包括医护人员、后勤人员等）。在休息空间和卫生间的设计上考虑到了男女分开。

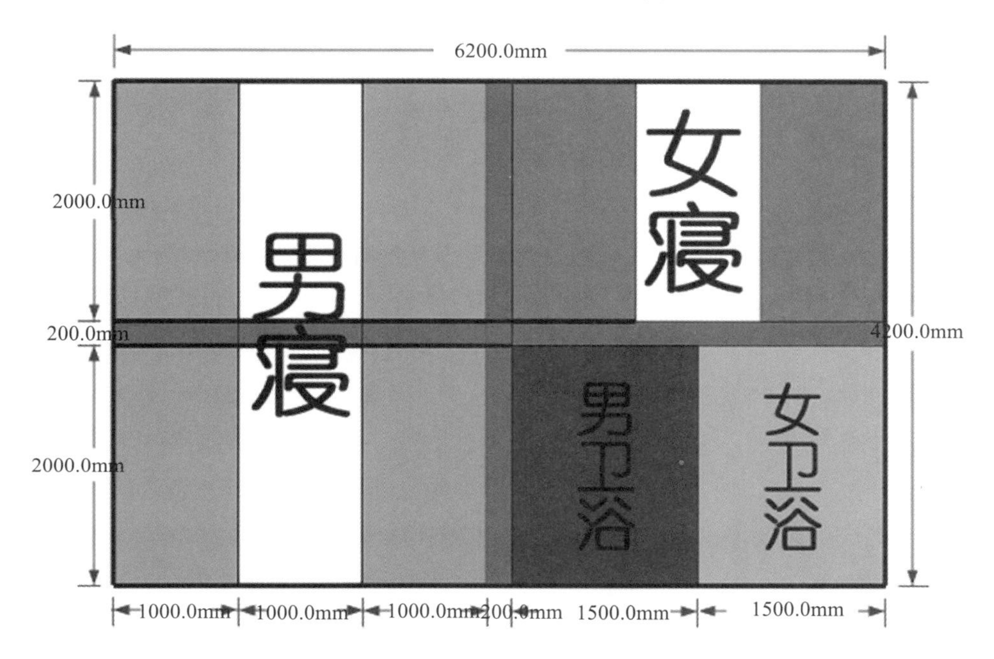

时间维度

根据一天24小时人员的活动周期，这个建筑会形成不同的功能空间组合方式。

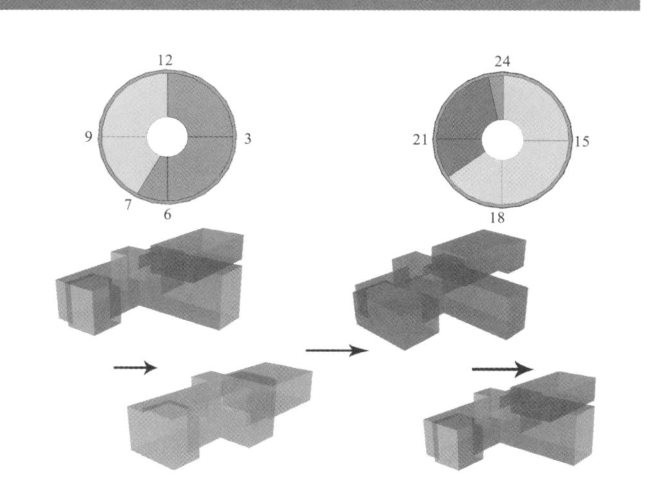

教师点评：这组同学选择的题目是可可西里防盗猎内容。这一题目虽然有些沉重，但是学生做起来却使用了比较轻松的形式，模拟发生的环境。这对于他们在最后完成作品是很有帮助的，因为只有深进角色才能尽可能多地思考建筑的细节。最终的作业采用了九宫格形态，在一个平面基地上展开，根据时间维度和任务不同，可以将这个模块化的工作站展开成不同的形态。在这一平台之上，工作站可以有多种的形式互相连接，这些连接能够有不同的功能体现。学生在实践维度和不同功能要求下对于小型建筑进行模块变化这一思考，对于他们今后理解建筑会起到好的帮助。

F．灾后救助 03级建筑 杨剑雷 矫富磊 张成珂

学生评述：

“有限的空间，并不是我们需要的空间，于是我们扩展，连接……”在令人窒息的环境中，静静的方盒子，或是逃离的需要，或是回归的渴望，伴着我们的思想展开……

展开思路：两个或三个相对独立的可移动建筑，在形式上虽不相同，但可以通过展开形式联系在一起，实现在功能上相互补充的目的，以更好地进行工作。

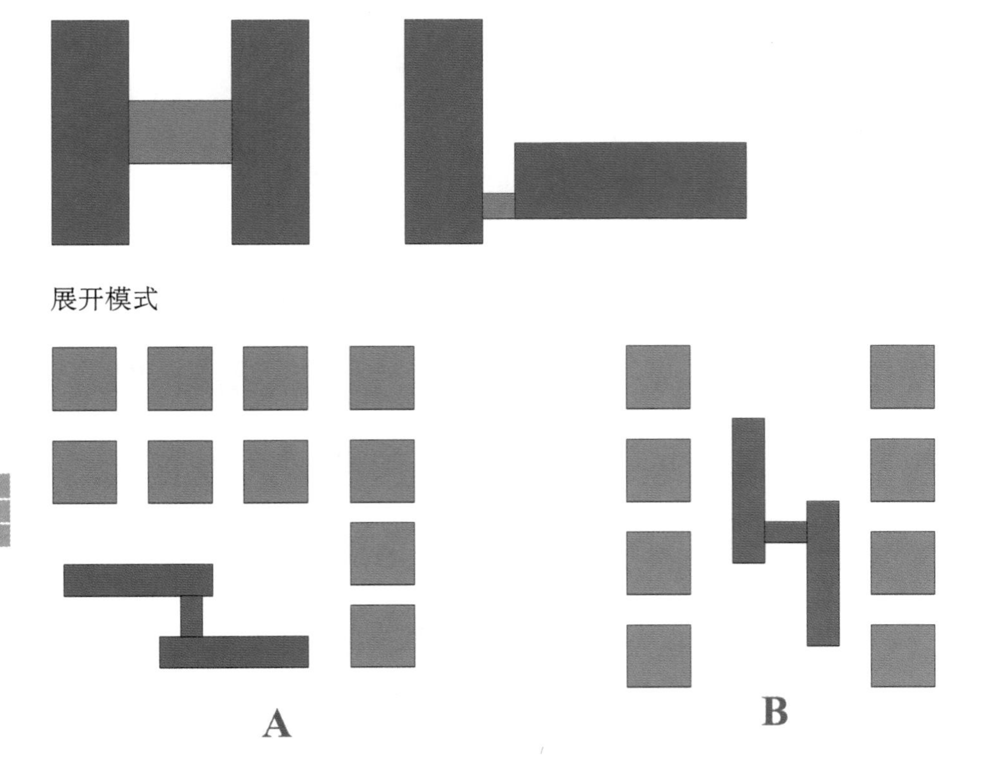

地震临时救助中心是专为受地震灾害地区设计的临时性医疗救援设施。其自身拥有强大的医疗救治能力，可在极其恶劣的条件下完成救灾任务。救助中心最大的特点是便于搬运，且到达目的地后可迅速展开，这样就可以在救助工作中争取更多的时间。救助中心由两个集装箱大小的箱体组成，展开后可产生若干个功能空间。各个空间的分配力求合理，便捷，以求使用中达到最便利的效果。

当受到灾害情报时，救助中心会被紧急送到灾情严重的地区，并迅速展开。就住中心的工作人员包括一个中心指挥，若干名医护人员，一个机械师。主要功能空间包括一个小型手术室，一个治疗室，一个物资仓库，一座动力间以及一些辅助空间。救助中心无论从机动性、可操作性，还是从医疗条件、救助能力上都较传统的救助方式有很大的进步。

到达受灾地区后能够迅速展开是临时救助中心的一大特色。两个箱体可通过完全不同的方式同步展开，形成与原来造型和空间完全不同的救援基地。通过连桥使二者实现对接。其展开的详细步骤如图所示。

展开后救助中心的平面布局如下：

其具体的工作流程是：从灾区救回的重伤伤员直接从A入口经消毒室被送往手术室。医务人员在准备室准备手术器械和药品，之后进手术室进行手术。手术后的病人被从C出口抬出，送到附近的临时病房（临时病房可由简易的材料临时搭建）。医生可以到休息室休息，也可以继续准备下面的手术。在灾害中受轻伤的伤员和患有疾病的病人可由B入口进入治疗室，治疗室中可进行包扎、注射等工作，也可作疾病咨询。从治疗室出来，伤员和病人可以到物资发放室领取药品和其他医护用品，最后由D出口离开。医生和病人的行动流程可由下列图表中看出。

临时救助中心处于大地震发生后的恶劣环境下，随时可能有余震发生。为使其在这样的环境下能正常工作，救助中心设计了两套不同的抗震体系。在A方案中，建筑底部设计了若干液压机构，可随需要升降，底部面积很大，有相当的稳定性。B方案则设计了一套钢质框架体系，每根脚柱都有一部分埋于地下。由于多点支撑，也可保持建筑物的稳定。救助中心在小规模余震的极限环境下仍可正常工作。

展开过程示意及相关效果图

模型制作

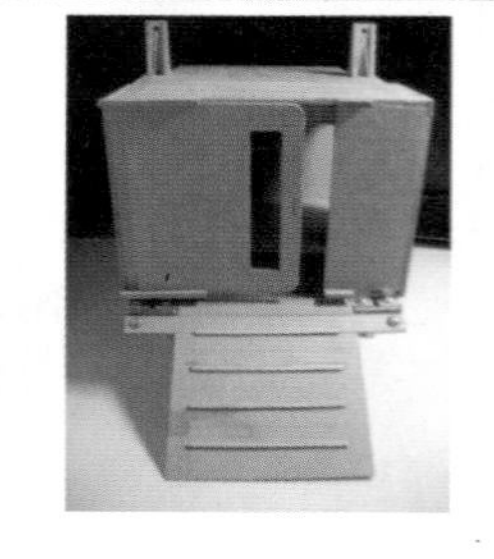

模型组合

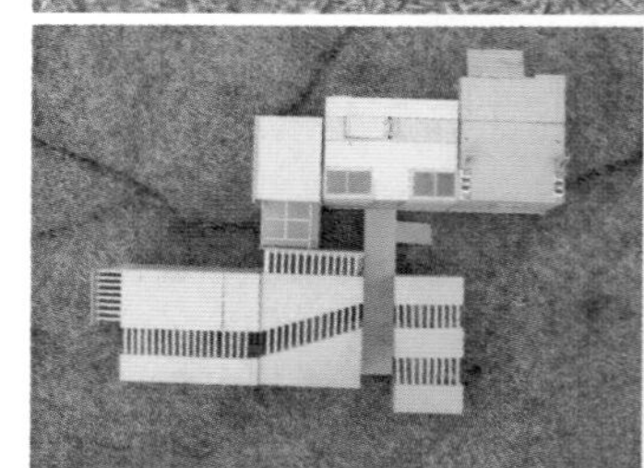

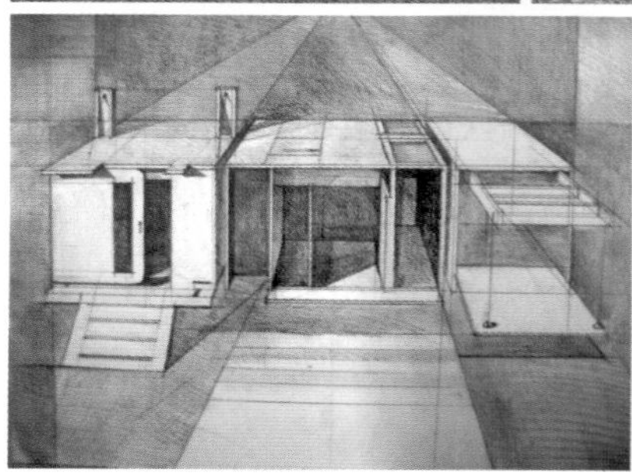

功能互补形式

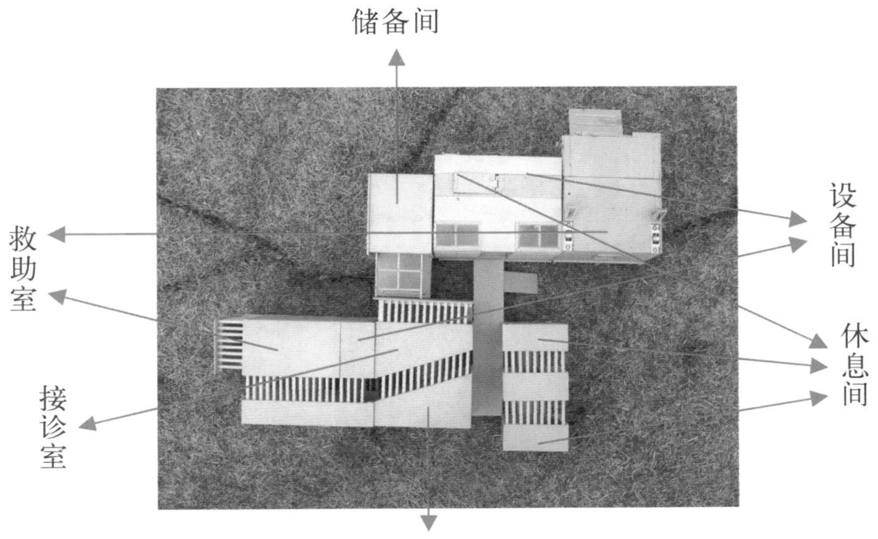

模型细部

展开过程

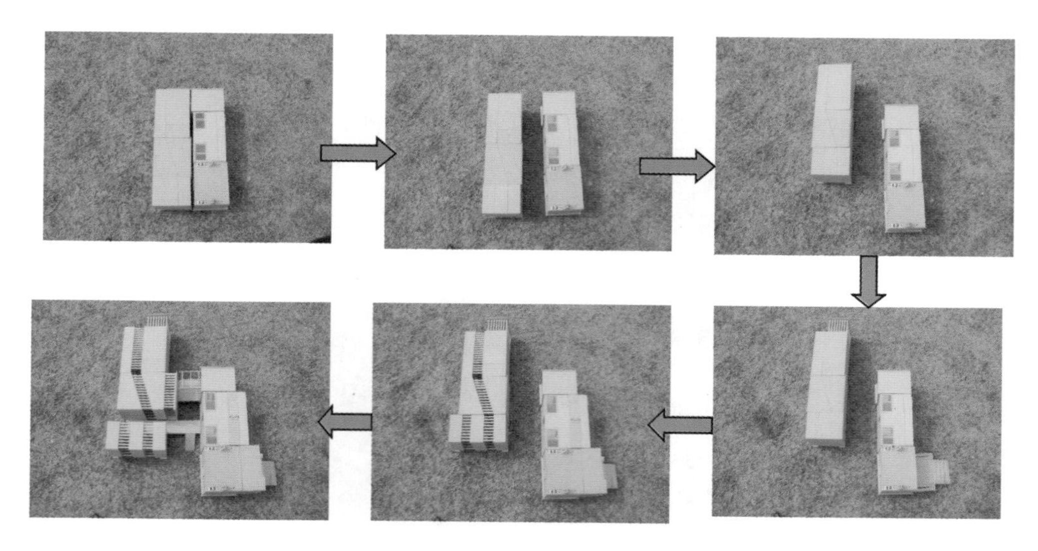

展开过程示意及相关效果图

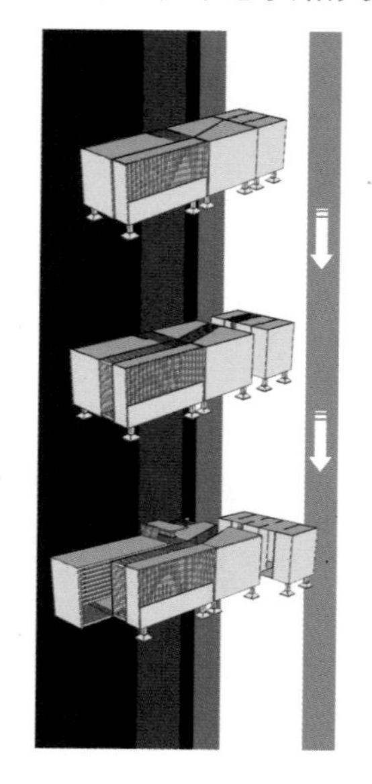

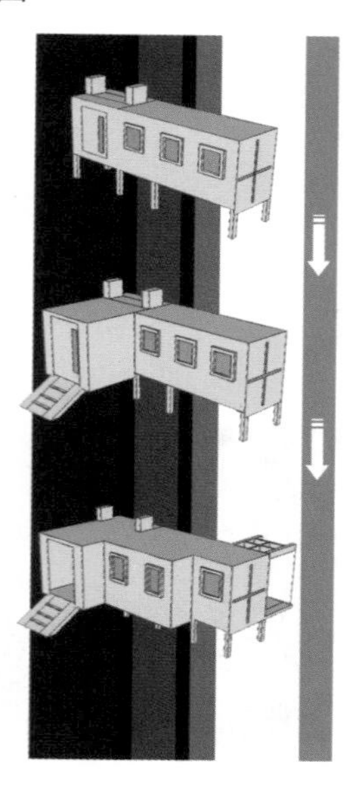

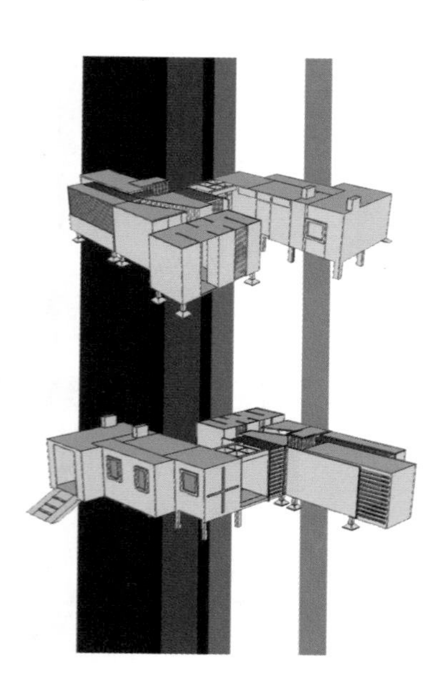

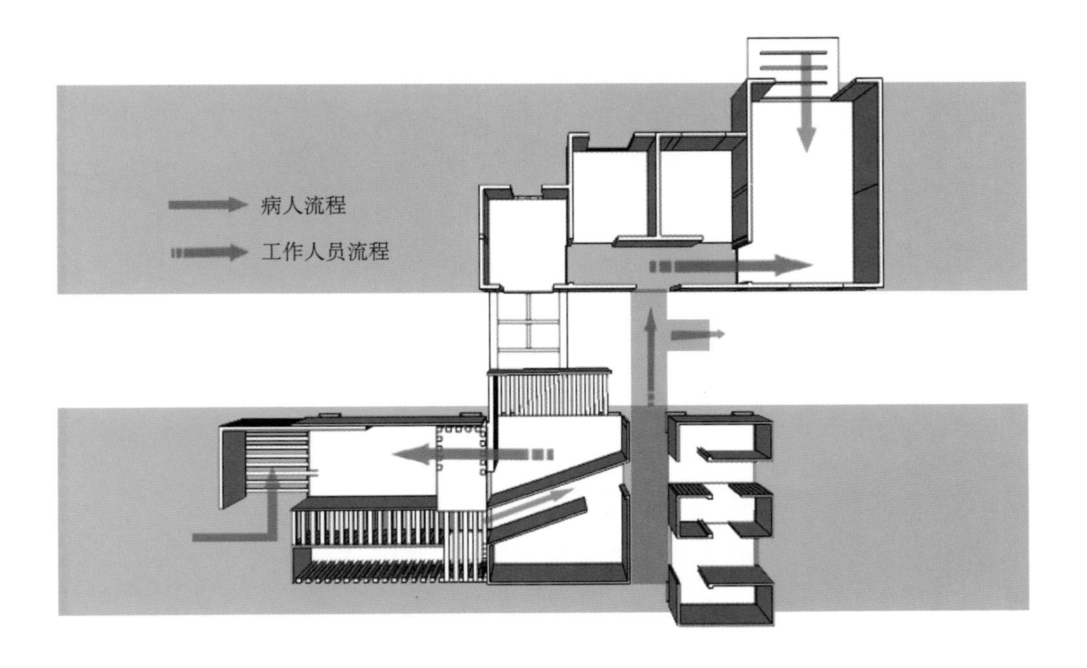

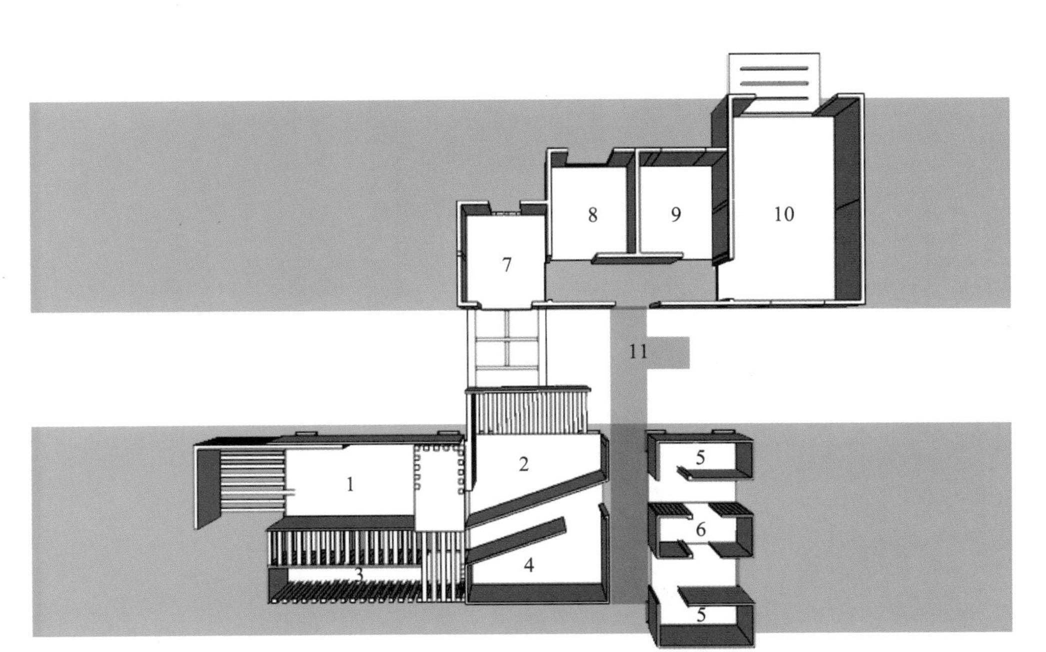

1. 救助室 2. 准备间 3. 消毒室 4. 动力间 5. 休息室 6. 洗手间
7. 仓库 8. 物资发放室 9. 药品发放室 10. 治疗室 11. 连桥

外观渲染效果图

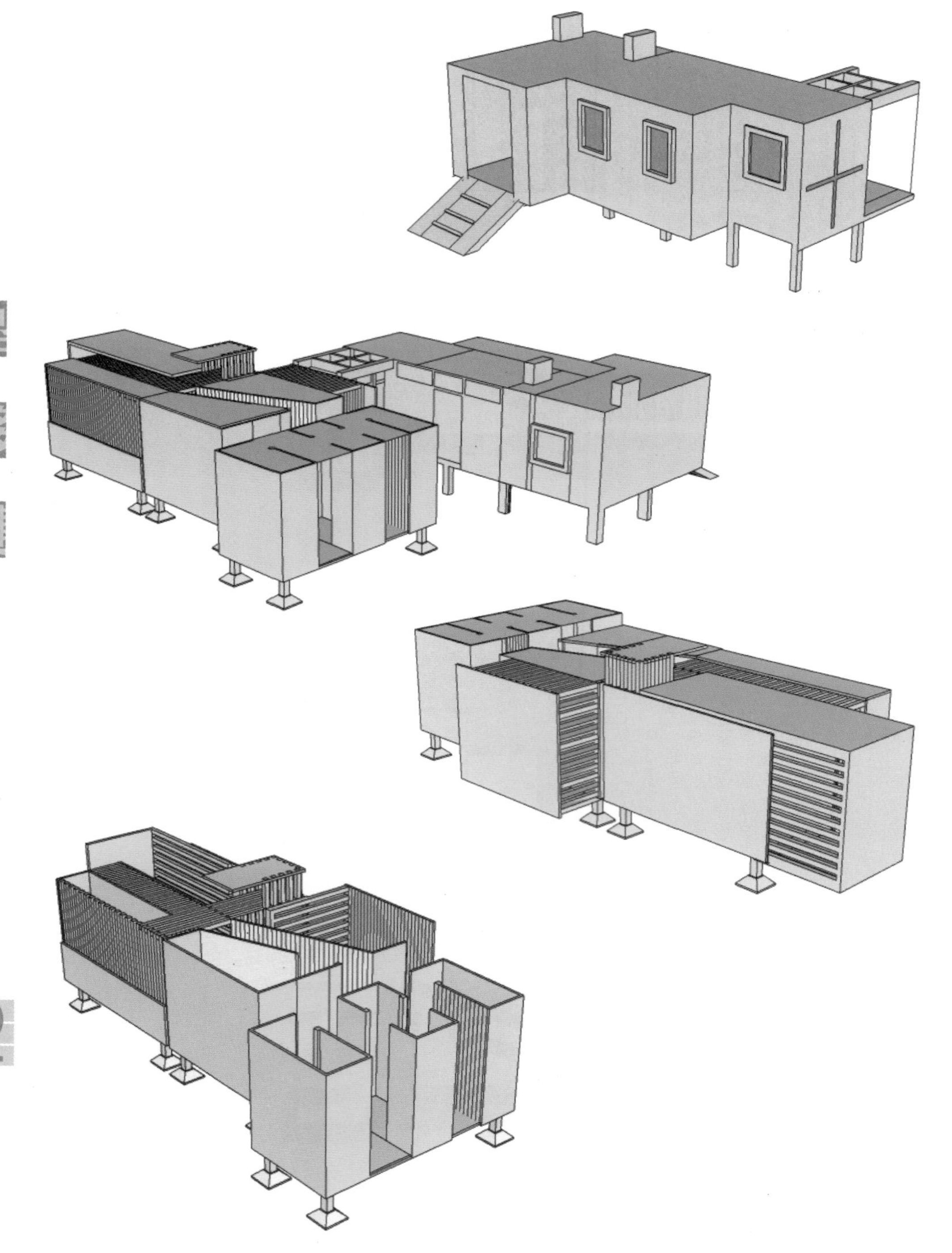

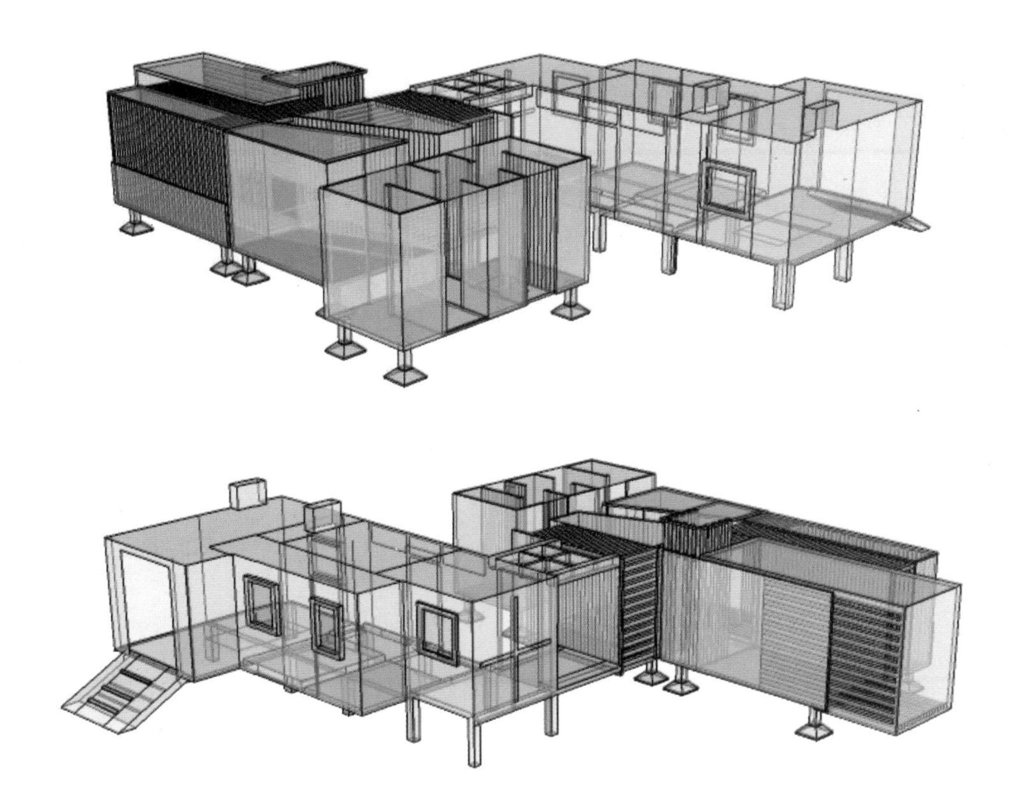

教师点评：这是以地震发生后建立可移动医疗救护工作站为主题的设计组，该组同学在前期和中期报告中详细地分析了将要面对的困难的自然条件和所面临的工作任务，并在最终的设计中提出了独特的方案。他们注重工作站的可移动性，化整为零地将工作站分为三个相对独立的部分，每个学生有针对性地完成一个部分的设计，最后组合成为一个整体。该工作站将工作区与生活区彻底分开，通过外部走廊进行交通联系，有效地实行了隔离以保证安全。该工作站结构精巧，能够实现自主打开成型，而不需要使用外部的牵引和起重机械，这对于灾后开展营救的自主适应性是非常重要的。在组合方式方面能够实现两种形态，以适应不同的场地需求。地震后的场地条件恶劣，凹凸不平而且经常发生余震，因而工作站建筑多单元并串联结构和多种组合的可能性对于适应环境是极其重要的，也是该组学生创造性的体现。该组同学的设计方案很好地体现了小型可移动建筑的课题要求，尤其是在模型制作方面体现出很强的表现力，构造与结构设计的深度通过模型中精巧的结构得以表达。

G. 城市动物保护与动物疫病防治 03级环艺 陈卓

学生评述

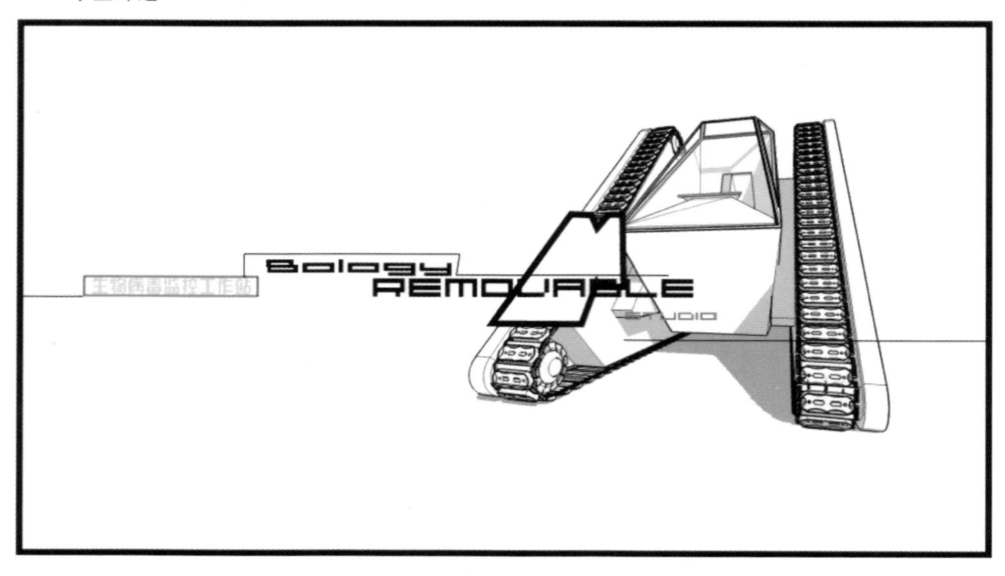

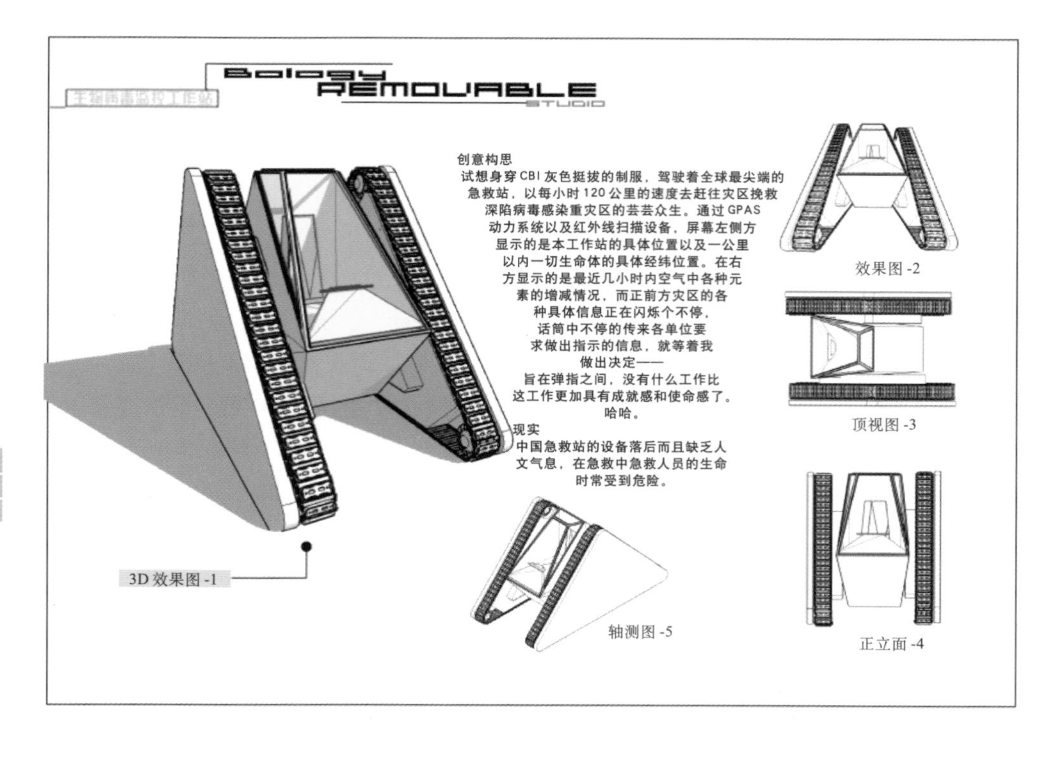

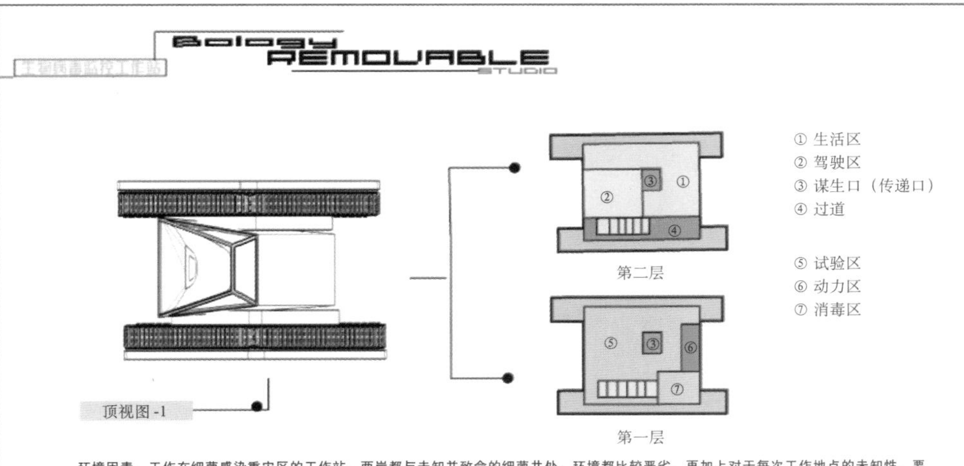

环境因素：工作在细菌感染重灾区的工作站，两岸都与未知并致命的细菌共处，环境都比较恶劣，再加上对于每次工作地点的未知性，要求本身对于环境的适应力变化性要强，适合各种活动场所。

要求：必需具备封闭性好、耐磨损、稳固性高、抗积压、活动能力强等特性。

想法：以上的要求让我想到了叱诧战场的坦克。它不仅完全符合以上所提到的要求，而且，连外形都比较符合我的审美。特别是他那钢铁传送带。更加完善的解决了在工作中的麻烦。(可知深陷重灾区，却动弹不得的可怕吧)

缺陷：体积过大，敏捷性不足。

工作环境因素：由于站点主要的功能是工作，主要空间以工作区为主，适当的设立生活区，工作人员的生活区和工作区时需合理的分离开。在连接处适当设备消毒室，防止病毒外流。细菌控制工作试验，需要的是安静且稳定的工作声场所。因此必须给予以比较独立目稳定的加点。

想法：给与其两层的概念，一层主要以细菌试验为主，既符合了其稳定性高、封闭性好、独立性强的物点，而目且在紧急情况下，方便工作人员逃生，并且不会感染二层的工作人员。可为两全其美矣！二层则设为生活区及驾驶区，驾驶区设在二层，出于给驾驶区创建了广阔的视野的目的，便于指挥管理。生活区设在驾驶区的附近主要是为了在发生紧急事件情况下，一层和二层隔离甚至一层遗自二层独自逃生创立充足的生活物资和休息场所。

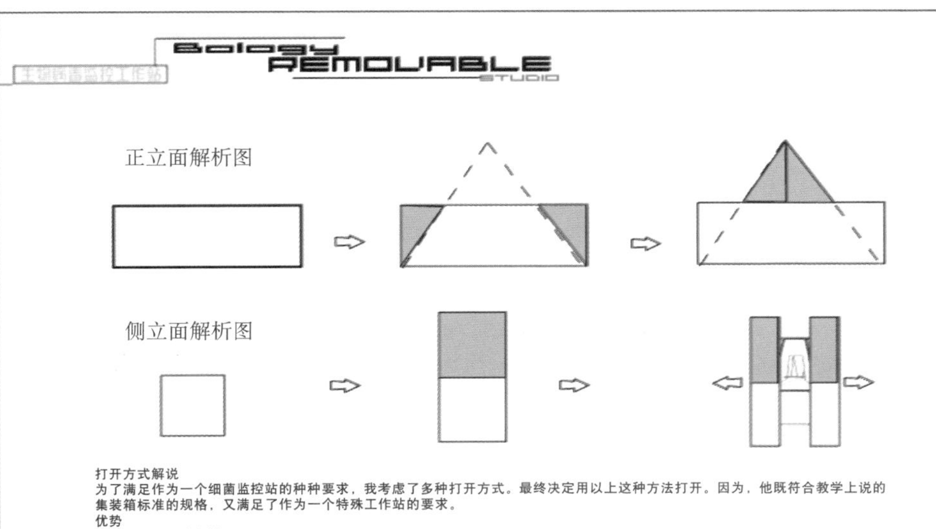

打开方式解说

为了满足作为一个细菌监控站的种种要求，我考虑了多种打开方式。最终决定用以上这种方法打开。因为，他既符合教学上说的集装箱标准的规格，又满足了作为一个特殊工作站的要求。

优势

一、开方式迅速便捷。

二、节省空间

没有横向空间上的延展，节省了空间，而竖向空间通常都比较富裕。而且为在狭窄的工作地点穷峻提供了可能。(比如说胡同中)

三、空间分配合理

反转的同时创建了两层的工作空间，为工作区和生活区的合理的分配提供了前提。

四、适应力强

在找开后，工作站的宽度可以随工作地点宽度不同随时进行调整，并且迅速。

五、稳定性高

由于打开后成三角形式，可谓最稳固的物理形态，完全适合于工作地点的各种危险复杂的地理环境。

教师点评：这是一个充满了幻想色彩的设计，完全是一幅科幻大片的架势。陈卓同学把城市设想成为一个病毒肆虐危机四伏的场景，他巧妙地利用了集装箱的空间容积，但他并没有局限于建筑固定静止的思维限制中，他大胆地把工作站设想成为一个像太空车式的活动建筑，这是与其他设计方案不同之处。履带式的运载方式和三角形的形体能够为建筑提供更好的通过性、稳定性和安全性。其造型像一次大战时期的英国坦克，很有些复古的味道。

H. 大石围天坑科学考察工作站 02级环艺 李志强

学生评述：

天坑底下的小型可移动建筑

基地分析 BASE CONSTRUE

大石围天坑东西走向长600多米，南北走向宽420m，垂直深度613m，像个巨大的火山口，四周似刀削的悬崖峭壁，异常险峻。大石围底部有人类从未涉足过的地下原始森林，面积约9.6万m^2，是世界上最大的地下原始森林。在科考中还发现许多稀有动物，像盲鱼、白色猫头鹰、透明虾、中华溪蟹、幽灵蜘蛛等，其中中华溪蟹、幽灵蜘蛛被确认为新物种。最神秘的是在大石围天坑底部发现有两条巨蟒爬行过的痕迹，宽约40cm，按此推算，这两条蟒蛇之大，可想而知了。大石围地下洞口宽约20m，高约40m，地下溶洞中，巨大的石笋、石柱、石瀑、石帘等千姿百态，晶莹剔透，犹如一片巨大的宝库，铺满晶莹闪烁的宝石，令人惊叹。洞内有两条地下河，水流湍急，最神奇的是河水一热一冷。这"大石围"的奇特称号，是因为这巨洞四周都被刀削一样的悬崖峭壁所包围，所以当地群众形象地称为"大石围"，而且祖祖辈辈就这么叫下来。人们把大石围视为神洞圣地，不敢冒犯。传说，滚大石头下去发出的巨大"雷声"会招来狂风暴雨或冰雹。洞内气候变幻莫测是由于该地垂直落差导致。综上所述，大石围天坑具有很高的科考价值。

问题PROBLEM：(1)下降和攀升；(2)器材运输；(3)逃生；(4)洞底采光不良；(5)须在不破坏当地生态环境的前提下进行科学考察。

解决办法：下降和攀升采用定点下降的办法；运输方面可采用散件分批下降再组装的方法；洞底采光不良可用百叶窗的办法来增加采光。

小型可移动建筑基本功能 MAIN PURPOSE

●植物研究：生物标本，采集采样，种子收集，个体标记与制图，植被制图。

●动物研究：捕获，取样，标记。

●地质研究：土壤剖面，表面硬度，可穿透性，土壤结构，水分，有机成分。

●气候研究：风，雨，温度，湿度，日照时间，坡度，高度，光照，光辐射，能流。

初步设计目的KEY DESIGN PURPOSE

为天坑科考人员设计一个适合考察和居住的小型可移动工作站。

关注点ATTENTION POINT:（1）工作站的下降问题；（2）光照问题；（3）通风；（4）保温隔热；（5）建筑物强度（框架结构）；（6）人性化设计(浅色调,竖窗)；（7）空间感；（8）人体尺度。

方案深入GO DEEP INTO THE PLAN：

1. 采用错落的形式增大空间利用率。

2. 半开放半围合空间适合天坑底部恶劣的环境及气候。

3. 采用框架结构,保证科考人员的人身安全和工作顺利。

4. 围合部分采用瓦楞板。

5. 各个方向都有大面积的百叶窗,有利于通风和采光。

结构CONFIGURATION：

1. 主框架为钢架结构，材料为高强度钢，按设计要求或施工规范焊接。焊接完成后构件喷砂除锈并喷涂两遍红丹底漆，结构构件用螺栓连接。

2. 次结构(檩条和围梁)使用Z或C型高强冷弯型钢(高度为160mm,180mm)，均包含翼撑和系杆系统。檩条和围梁与钢柱和钢梁连接前预先打孔，采用镀锌螺栓，现场连接。

3. 支撑选用圆钢、角钢，栓接于主结构上。

小型可移动建筑 方案设计

SMALL SCALED MOVING BUILDING

学　生：李志强

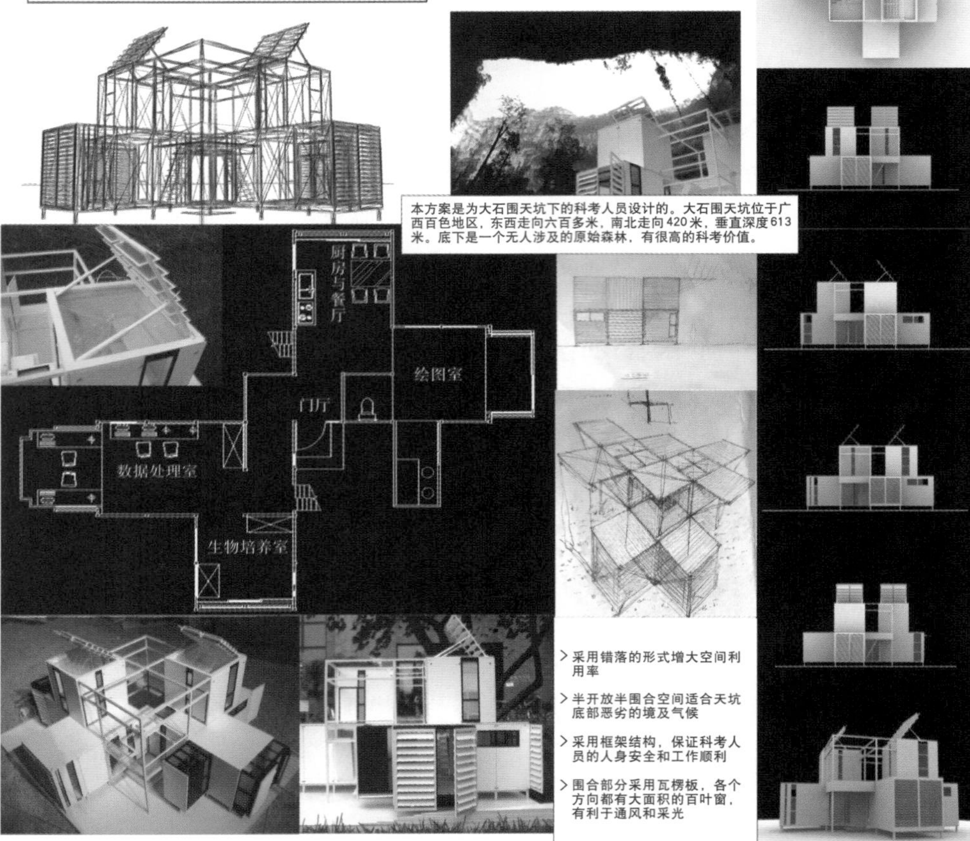

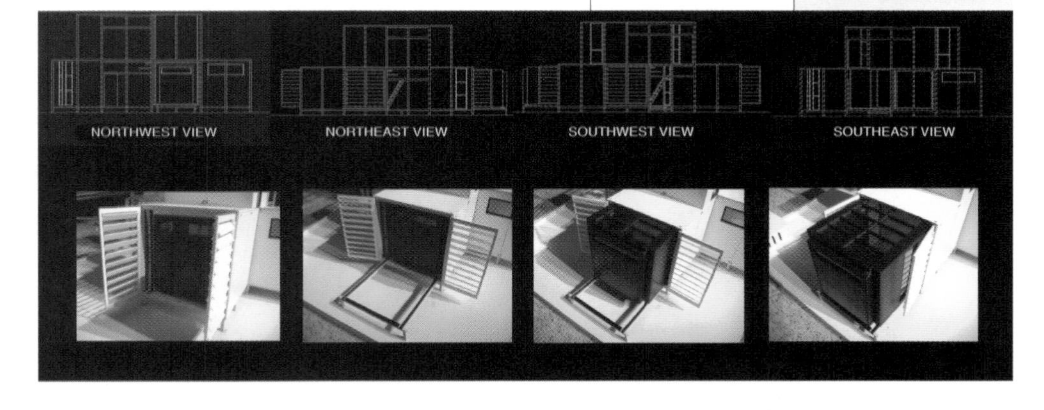

工作站整体效果图

模型细部图

模型整体图

教师点评：该方案也是对大石围天坑进行科学考察的可移动工作站。与姚元元同学方案的侧重点不同，李志强同学的设计方案体现出了在细部上的浓厚兴趣，对于结构的实现与构造通过模型进行了有益的探索。通过模型我们可以看到诸多的细节，整个模型虽然精细但依然能够实现组合，具有很高的视觉完成度。空间紧凑，布局合理，对于所面临的地质条件进行了较充分的考虑。

第七章　建筑与非建筑

建筑与非建筑始终是我们面对的问题，这也是艺术院校建筑学专业面临的主要问题。小型可移动建筑的实验性在于两个方面，首先在于我们改变了以往的专业讲授的教学方式，尝试引导学生自主发现，强调学生发现对于课题的兴趣，强调保持学生的想像力。即使是对幻想色彩比较浓的想法，可以在以后建筑设计深入的时候去规整这些懵懂的想法。但是其原创性最初的感染力也随之会大打折扣。所以我们要求学生从一开始就依靠自己来查找资料，选择课题，设置设计任务书，这个过程像是拍一部科幻电影。根据课题阶段不同我们强调的重点也是不同的。在课题的准备阶段我们强调的是非建筑的元素，我们希望学生能够放弃一个建筑设计课题的思想包袱，而最重要的在于能否在课题范围中发现兴奋点。我们把这个过程设计称为脚本或探索，希望他们能够假戏真做地投入角色当中去。虽然他们从来没有身临其境体会到极限环境的感受，但是这并不是很大妨碍，不会导致脱离现实。

建筑与非建筑的概念：最早看到这个词是在矶崎 新的文章中。他提到的建筑／非建筑（Built/Unbuilt）是主要意为对立于已经建成的建筑，指对于技术的社会化、实用化前提下，一个超前的可能无法实现的建筑方案或创意（见矶崎新《反建筑史》第62、63页）。这一创意或方案虽然带有超前的思维与形式状态，是某种假想模式（Imagenary Model），可是它是带有引导性与前瞻性的。尤其是它可能并不是单单在这一方案上，而更主要的是在某种思维方向上带有前瞻及引导性。比如：矶崎新在1972年所发表的作品《电脑都市》，在当时来看是真正的非建筑（Unbuilt）。但是随着全球化与城市化的快速发展，以及网络媒体的普及，从20世纪末21世纪初的科幻电影《骇客帝国》三部曲中，对于人与城市，人与自我，人与意识形态的某种描述好像与他的作品有着一些关系。而在70年代数码时代还未到来的时候，这个作品是无法理解的，而现在理解起来好像就简单许多。我们并不想因此而引证什么概念，或推论出什么，而是想借助这一概念延伸我们的某些理念。

这里要说明的是我们所认识的理念是建筑与非建筑手段的结合，建筑是建筑与生存机器的一种结合。建筑是一种动态的而不是静止的、是不断生长的而不是一经建造就终结的过程。强调建筑也是环境的而不仅仅是空间的。

对于建筑与非建筑的考量，则体现在两个不同的层面：教学方式层面与建筑认知层面。在这一课程中，我们强调需要设计者假戏真做，把自己设计为建筑中的角色，进行故事体验，才能够在建筑中真正加入故事性。具体在实例中，学生应该从最初的开题，到中期的深入，再到最后的设计与制作，都能完全深入设计当中，像在一段情节中的角色一样去虚拟情况，想像自己如果在现场会如何展开工作站，如何在工作站中工作和生活。这都不是简单的运用典故去附会，而是真正的投入其中。作为未来的设计师，这种思维方式的培养是绝对必需的。

我们强调的非建筑元素包括三个方面：

第一个是建筑教学中的非建筑因素的引入，那就是将设计角色体验和故事性引入建筑设计教学中。在长达8周的设计周期中，角色体验使学生保持了持续的兴奋感，这对于一个长期课题来说是很重要的。故事性的内容解决了学生作品深度不够的问题。从本课题的教学实践来看，在教学管理和引导的方面是成功的。

第二个是引入非建筑的设计手段，建筑与非建筑手段的结合，建筑是建筑与生存机器的结合，建筑作为一种动态的而不是静止的、是不断生长的而不是一经建造就终结的过程。强调建筑也是环境的而不仅仅是空间的。生存机器的概念强调了建筑的最终目的在于对人的作用，不要忽视人在建筑中的需求与要求。

第三个是强调环境的因素对于建筑形式影响。极限的环境与对于环境影响控制的苛刻要求成为学生设计不得不考虑的重要内容。这使学生了解建筑与建筑设计决不是空中楼阁与凭空想像。要明白环境与建筑的关系，环境对于建筑的重要性。

这三方面非建筑元素的引入，是低年级同学对于建筑概念认知的学习，让学生理解建筑。

教学总结

在小型可移动建筑的课程中，我们强调了发挥学生的主动性，设计的过程也就是发现的过程。

美术类院校建筑学学生必须要强调想像力和创造性，实践证明建筑设计过程中是可以加入故事性的因素，强调学生要进入角色，体验设计。

课题选择的发现：我们到底要做个什么样的建筑？这其实是我们面对的第一个问题。但是在大部分时间中这似乎并不是问题。课题总是事先设置好的，似乎设置什么永远不是问题。我们的课题要改变这种思维的惰性，设计的内容必须要经过调研自己来发现。大家需要因为兴趣而设计，我们不希望学生们得到的是一个长达8周的索然无味的开始。我们将学生分成不同的组，希望看到的是学生选题的差异性。

功能的发现：功能永远是已知的么？我们永远会在熟悉的思维环境中继续我们的探索么？极限环境下的建筑的功能能够从资料集中找到么？我们怎么才能够使我们的建筑功能完备？

这是广义上工作站建筑需要具备的功能。极限环境下功能要求，很难从现有的建筑资料集中找到，这需要发现面对的问题，这包括了使用方面的问题、结构方面的问题、环境方面的问题、运输与建造方面的问题以及生存安全方面的问题。发现我们面对的问题，发现建筑需要具备的功能，就找到了制定建筑设计任务书的钥匙。

外在形式的发现：建筑的形态一定是静态的么？可以是随着环境的需要而变化的么？建筑一定是一经建成就一成不变的么？我们寻找的是一种可以变形的建筑，它能够根据环境、工作以及运输的要求进行变化。这种非常规建筑的形式需要我们来发现，我们不得不发现新的外在形式。

结构的发现：我们面临的结构问题不仅仅是解决一般性的空间支撑问题，它需要能够经受严酷环境的摧残。虽然学生们的方案可能不是严谨的，更具有幻想色彩，但是他们开始发现利用结构来实现功能要求的设计方法的有效。我们还希望他们能够在幻想的激发下创造出异想天开的结构造型。平庸的造型远比平庸的想法更乏味。

表达方式的发现：动态的建筑、机械美学的追求，要求在设计表达方面发现新的方式。我们不要求学生提供效果图，而是要求提供建筑模型。学生的模型要求能够实现组合打开等移动的模式，同时要求学生提供ppt文件或分解的图示来进一步说明。这对于学生就提出更严格的要求，他们不得不深入研究如何能够减少构建的体积，以及更好地利用有限的空间来进行组合建筑构件以方便运输。同时必须要考虑如何利用构造技术来进行连接使之能够活动，并且把它们变成为模型。

建筑设计内涵的发现：建筑故事性的发现是我们在课题教学过程中实验的方法。我们发现了艺术专业学生的特点——具有幻想色彩的想像力，思维活跃敏感。我们要模糊建筑设计与艺术创作在体验上的明确界限，使学生的创作过程在这两者之间往复流动。利用艺术专业的学生对于故事性的兴趣与敏感提出新颖的切入点，并使之能够得到贯彻。而建筑设计的方法则帮助学生能够以建筑的语汇来讲述设计中的故事性，并最终完成建筑的作品。

关键词：假戏真做、角色体验、故事性

后 记

时间总是过得很快。记得已经是在一年以前了，我和冬晖作为这个实验性课题的参与者，开始着手准备，经过将近两周的讨论，最终将题目确定为极限工作站。面对这样一个具有想像力的题目，我们的担心是学生会不会将设计引入歧途，最终完全脱离建筑设计的现实性。这是一个困难的角色，一方面要鼓励学生们突破传统思维禁锢，另一方面我们又要经常在一些时候拉住他们的脚步让他们回到建筑的车辙中来。我们在教学的过程中发现，非建筑的内容对于丰富学生的作品内涵很有助益。而故事性的内容能够帮助学生将最初的构想概念贯彻到最终的作品设计中去。此外，我们对于成果的要求相对于时间和提供的技术手段来说是苛刻的，但是同学们还是很好地完成了这个仅有8周时间的实验性课题。

美术学院毕业以后又在这里工作，我们对于美术学院的学生在建筑方面的困惑体会是很深的，因而希望对于课程的设置能够调动学生的主观感受，能够将他们的特点在建筑设计中发挥出来。艺术背景的建筑师与工科背景的建筑师具有不同的思维方式，美术学院中设置的建筑学专业应该具备自身的优势，这种优势在于审美的判断力、对于情节的敏锐和感受的捕捉、对于设计概念的发掘与视觉传达等方面。这种人才的培养需要通过设计课题的引导和实践体会。在小型可移动建筑的课题中，我们希望能够以一种新的方式来体验设计的过程——依赖自我的发现。

在美术学院中设立建筑学专业正在成为一种潮流，许多院校都已经或正在建立建筑学专业。随着时间的推移，美术学院出身的建筑师终将成为建筑行业中一个特立独行的群体，在以后的建筑设计领域中产生影响。我们希望通过自己的教学实践尽自己的微薄的努力。作为高等美术院校建筑学教学实验丛书之一的这本教学参考书，我们奉献给大家，希望能够与其他院校进行交流，听取大家对于我们的意见，以助于我们在今后的教学中进行改正。

在这里，我们首先感谢的是那些和我们一起学习工作的中央美术学院建筑学院二年级的同学们。同时还要感谢和我们一起共同工作的吕品晶老师、王环宇老师、黄源老师以及北京市建筑设计院的董颢老师和蓝冰可老师。当然还有建筑工业出版社的编辑同志们的热情帮助。

钟山风　崔冬晖

2005年5月16日

参考资料

■ 主要教学参考书

- ■ 矶崎新　反建筑史
- ■ URBAN SCAN　ANLOT/EK
- ■ 《FRAME 30》—— 2003年1月/2月号
- ■ Fuller Moore, understanding structures
- ■ Heino Engel, Structure Systems
- ■ 日本建筑构造技术者协会，图说建筑结构
- ■ 张建荣，建筑结构选型

■ 参考资料来源

- ■ 国家地理频道
- ■ 探索频道
- ■ bbs.Billwang.net
- ■ Far2000.com

■ 参考文献

- ■ 马国馨，建筑艺术的结构美
- ■ 胡莹，建构－对建筑本体的还原
- ■ 霍小平、王农，结构造型概念设计初探
- ■ 周大明，建筑空间艺术创作中的结构构思
- ■ 宋占海，论建筑结构与建筑艺术的统一
- ■ 谢劲松，建筑创作中的结构表现研究
- ■ 李国强，当代建筑工程的新结构体系
- ■ 那向谦，索膜结构基本体系与建筑设计